清宫旧藏
紫檀家具精粹
春善堂藏

胡德生　宗凤英　张广文　张　荣　编

文物出版社

目录

明清家具艺术

胡德生

家具作为人们的日用生活用具，与人们朝夕相处，伴随人们的生活起居，成为人们生活中一个不可缺少的重要组成部分。随着精神文明与物质文明、文化与艺术的不断发展，家具已不是简单的生活用具，在家具的造型、纹饰、使用习俗中，充分表现了中国的传统文化和思想。家具已成为中国传统文化最丰富的物质载体。

在不同的历史时期内，家具的使用功能还体现着浓厚的等级制度、民族思想观念、民族道德观念和民族的行为模式等。数千年来，家具始终与社会的政治、文化及人们的风俗、信仰、生活方式等方面保持着极其密切的联系。这些传统文化主要是通过"镶嵌"、"彩绘"、"雕刻"等艺术手法表现出来的。

一、镶嵌艺术

镶嵌艺术最初大多表现在漆器上，目前掌握的可靠资料最早出现在夏商时期。1973至1974年在河北藁城台西村商代遗址中曾出土过漆器残片，有在朱漆地上以黑漆描绘的饕餮纹、蕉叶纹、云雷纹和夔纹等图案。比例匀称，花纹清淅。有的嵌着圆形、三角形的绿松石，有的贴着不到一毫米厚的钻花金箔。河南安阳殷墟出土有商代木器雕刻，原木器已腐朽，出土的带有朱红色印痕的泥土上，有精致的花纹，并镶嵌着各式图案的骨雕及椭圆形小蚌壳。1933年，郭宝钧先生在西周卫国墓中发现了

"蚌泡"，因出土时多环绕在其它器物周围，意识到蚌泡当是其它器物的附属饰件。1953年，陕西长安县普渡村西周一号墓发现在出土陶器周围有蚌泡，上面还有残留的漆皮。1976年，陕西长安县张家坡西周晚期墓中发现漆豆、漆俎等。漆豆为深盘粗把，周围镶嵌蚌泡八枚，其柄镶嵌小蚌泡四枚及菱形蚌片，以上蚌泡均涂红彩。俎上部为长方形盘，口大底小，四壁斜收，盘下接四足方座，四周镶嵌各种形状的蚌片图案。1962年连云港网疃庄西汉墓出土的嵌银长方盒，采用夹纻胎，黑面红里，盝顶盖，正中嵌两叶纹银片，叶上镶嵌玛瑙小珠，盒盖及底座立墙嵌饰狩猎纹的银片。银片以外描朱漆云纹。纤细浮动，是我国较早且艺术价值极高的镶嵌实物。此后，1978年苏州瑞光寺塔出土的五代嵌螺钿经箱，1966年浙江瑞安仙岩寺塔发现的北宋经盒，不仅花纹美丽精致，上面还嵌着小珍珠。到了明代，镶嵌工艺又有长足的发展，不仅在漆器上镶嵌，更在硬木上施加镶嵌，为明式家具的装饰艺术增加了色彩。

明代嘉靖年间周制百宝嵌工艺的出现，在家具上作镶嵌装饰起源很早，从考古发掘证实，早在4000年前的河姆渡遗址中，就已发现嵌有松石的器物。到了战国时期，有了嵌有美玉的漆儿。此后唐代也是个高度发展时期。它们的共同特点是嵌件与地子表面齐平。到了明代，有个扬州人名叫周翥，

首创了周制镶嵌法。其特点是嵌件高出地子表面，然后在嵌件上再施以各种不同形态的毛雕，以增加图案的形象效果。从其镶嵌手法和镶嵌材料看都与前代大不相同。而且不光体现在漆器器物上，在紫檀、黄花梨等硬木家具上也表现较多。由于镶嵌材料种类多样，因而又称为"百宝嵌"。又因发明人姓周，所以民间常以"周制"称之。周制镶嵌法主要是凸嵌法。次有少量的平嵌法。平嵌，即嵌件表面与地子齐平，为的是不影响家具的使用功能，如：桌面、椅背等部位。在不影响家具使用功能的部位，为突出装饰效果，常使用凸嵌法。给人的感觉是隐起如浮雕。清·钱泳《履园丛话》载："周制之法，惟扬州有之。明末有周姓者，始创此法，故名周制。其法以金、银、宝石、珍珠、青金、绿松、螺钿、象牙、密腊、沉香为之，雕成山水、人物、树石、楼台、花卉、翎毛，嵌于檀、梨、漆器之上。大而屏风、桌椅、窗隔、书架，小则笔床、茶具、砚匣、书箱，五色陆离，难以形容。真古来未有之奇玩也"。谢坤《金玉琐碎》记载："周翥(音：柱)，以漆制屏、柜、几、案，纯用八宝镶嵌。人物花鸟，亦颇精致。愚贾利其珊瑚宝石，亦皆挖真补假，遂成弃物。与雕漆同声一叹。余儿时犹及见其全美者。曰周制者，因制物之人姓名而呼其物"。吴骞《尖阳丛笔》记载："明世宗时，有周翥善镶嵌奁匣之类，精妙绝伦，时称周嵌"。周翥系明嘉靖(公元1522—1567年)时人，为严嵩所豢养，严嵩事败后，周所制器物尽入官府，流入民间绝少。清初时流入民间，仿效者颇多。其中以清代前期的王国琛、乾隆时的卢葵生以及嘉庆、道光时期的卢映之最为有名。这三人也是扬州人。目前所见这类传世实物绝大多数为清初至中期制品。清代后期，由于战乱频繁，民族手工业受到严重破坏，更重要的原因是珍贵材料的匮乏，再也见不到纯用八宝镶嵌的凸嵌花纹家具了。一般来讲，清代后期的镶嵌家具绝大多数为平嵌法，原因是没有过厚的原料所致。

本书所收的镶嵌家具以紫檀漆心嵌玉花卉宝座及嵌玉风景挂屏为代表，材质珍贵，工艺复杂，其做法是先用紫檀攒框，框内以柴木镶心，再以髹漆工序在木心上刷生漆，趁生漆未干，糊一层麻布，再用压子压麻布，使下层生漆透过麻布孔腻到麻布上边来。干后打漆灰腻子。这种漆灰腻子是将砖头砸碎后过细罗，再用清漆调成糊，薄薄地刮上一层，约两毫米左右。待干后再上两到三遍大漆，即成为所谓素漆地。漆工艺技术的所有品种都是在素漆基础上进行的。素漆地做好后，开始在漆地上描绘花纹，然后将花纹内的大漆及漆灰腻子剔去，形成凹槽，再在槽内涂胶，将事先按图案磨制好的各种材质的嵌件粘进槽里去。由于嵌件较厚，形成一半嵌进槽内，一半露在槽外。再把槽外嵌件表面施以适当毛雕，使图案形象生动，收到色彩艳丽、富丽堂皇、雍容华贵的艺术效果。这种工艺，难度在磨制嵌件上。因为所嵌材料都是昂贵的玉石、玛瑙、翡翠、青金石等，宝石的硬度都很高，加工难度极高，费力费工，做一件百宝嵌家具，全手工操作，用金钢砂一点点磨制而成，艰难程度更可想而知。皇帝的一件宝座，靠背里面及扶手的正反两面都镶嵌上复杂的花纹，不知要耗费了多少人力物力，其做工难度、珍贵程度要比纯紫檀的不知费工多少倍。

本书中还收录一件嵌银丝家具，传世品极为少见。嵌金银丝器物系山东特产。明代万历年，山东潍坊有个姓田名小山的人，始创此技术。此后延续不断，然制者不多，故传世者较少。清代乾隆时有艺人在皇宫造办处应役，故宫存有嵌金银丝家具。从其雕刻手法镶嵌牙骨及饰金等特点看，属于多种工艺结合而成，多种材料并用，属于跨行业合作品种。只有清宫造办处有这种条件和能力，据此推断，此器应为皇家所用之物。

二、彩绘工艺

彩绘工艺在家具上的体现主要指各类漆饰家具。在高档硬木家具出现之前，中国传统家具主要是漆饰家具。即使在硬木家具出现之后，漆饰家具仍占很大比重。可以说，从远古到明清，漆饰家具始终盛行，并可以贯穿中国家具史的始终。

我国漆工艺技术历史悠久，早在原始社会末期，我国已开始用漆来装饰器物。《韩非子·十过》记载："舜禅天下而传之于禹，禹作为祭器，墨漆其外而朱画其内，缦帛为茵，蒋席颇缘，觞酌有彩，而尊俎有饰。此弥侈矣，而国之不服者三十三。夏后氏没，殷人受之，作为大路，而建九旒，食器雕琢，觞酌刻镂，四壁垩墀，茵席雕文。此弥侈矣，而国之不服者五十三。"这段话的意思是说：舜得天下而传之于禹，禹为了乞求神灵和祖先的保佑，令人制作了大批祭器，这些祭器的里面全部用红漆描绘精美的花纹，外面髹黑漆，茵褥都用丝织品制成，用菱白织席，并以丝织物包边。还有饮酒和盛放酒食的用具也装饰着华丽的纹饰。这种奢侈行为令三十三个诸侯国不服。夏朝灭亡后，

建立商朝，君王出乘大车，冠冕前后各饰九条玉珠串。饮食器及酒器雕刻花纹，宫殿的四壁刷着白色，殿前建有宽敞的空地，茵席上装饰着彩色的花纹，这种比夏禹更弥侈的情况令不满的诸侯国达到五十三个之多。由此说明，我国漆器工艺在商周时期已具有很高水平，这在考古发掘中也可以得到证实。商代遗址中多次发现描绘乃至镶嵌的漆器残件。在此之前，肯定还要经历一个发展过程。这说明，远在原始社会末期，我们的祖先就已认识并使用漆来涂饰日用器物。既保护了器物，又收到很好的装饰作用。湖南长沙马王堆西汉墓出土的云纹漆案，长60.2厘米，宽40厘米，高5厘米。此案出土两件，形制相同，斫木胎，平底长方形。四角有矮足。案内髹红黑相间漆地各两组。黑色漆地上绘红色和灰绿色组成的云纹，红地上无纹饰。四周有高于面心的矮壁，内外两面彩绘几何云纹，底部黑素漆，红漆书"軑侯家"三字。其中一件出土时上置漆盘五件，漆耳杯一件，漆卮二件。扬州西湖乡出土的两件西汉晚期彩绘漆案，其一、长21厘米，宽15厘米，高7厘米。漆案长方形，木胎髹漆，边框外侈，四足作马蹄状。边框内外髹紫红色漆地，再髹朱绘几何纹。案面由两组朱红漆和一组紫红漆画面构成，朱红漆上用黄和灰绿色绘几何纹和星云纹。彩绘用色深浅不同，粗细不等，有转有折，颇具书法情趣。出土时有数支小耳杯置于案上，均外髹褐漆，内髹朱漆。口沿及耳朱绘流云，腹部绘朱雀四对。表现了汉代漆器轻巧华丽的风格。其二，尺寸与前相同。只是装饰花纹不同。漆案长方形，木胎髹漆，四框匝圈高于面心，为汉代食案的常式。面下装内敛式马蹄形矮足，边框内外髹紫红色漆地，

朱绘几何纹。以朱红和紫红相间饰案面。朱红两组，紫红一组。另在朱红漆地上用朱红和暗绿色漆彩绘星云纹。出土时上置漆耳杯数枚。除以上各例之外，敦煌唐代壁画描绘的架子床、榻，苏州瑞光塔出土的五代黑漆螺钿经箱、舍利函，河南禹县宋墓壁画对坐图中的彩绘家具，山西洪洞县广胜寺水神庙元代壁画《卖鱼图》，山西大同元代冯道真墓壁画，内蒙古元宝山元墓壁画，都描绘有精美的彩漆家具。至元末明初，漆工艺术已很发达，当时的漆工艺人以张成、杨茂最为著名，作品亦最精。经过历代劳动人民的发展创新，到明代，漆工艺术已发展到14个门类，87个不同品种。明代以专为皇室制作器物的果园厂所制漆器最负盛名。这时期能工巧匠辈出，如明初的杨埙（杨茂之子）、张德刚（张成之子）、包亮、洪癞，及至隆庆时的黄平沙、方信川等，都是当时漆工艺术高手。且有部分传世文物，在明代家具品类中，是不可忽视的一个方面。

三、明清漆家具大体有如下品种

1、单色漆家具

单色漆家具又称素漆家具。即以一色漆油饰的家具。常见有黑、红、紫、黄、褐诸色。以黑漆、朱红漆、紫漆最多。黑漆又名玄漆、乌漆。黑色本是漆的本色，故古代有"漆不言色皆谓黑"的说法。因此，纯黑色的漆器是漆工艺中最基本的作法。其它颜色的漆皆是经过调配加工而成的。

2、雕漆家具

雕漆家具是在素漆家具上反复上漆，少则几十道，多则上百道。每次在八成干时漆下一道，油完后，在表面描上画稿，以雕刻手法装饰所需花纹。

然后阴干，使漆变硬。雕漆又名剔漆，有红、黄、绿、黑几种。以红色最多，又名剔红。

3、描金漆家具

描金漆家具，是在素漆家具上用半透明漆调彩漆描画花纹，然后放入温湿室，待漆干后，在花纹上打金胶（漆工术语曰：金脚），用细棉球着最细的金粉贴在花纹上。这种做法又称"理漆描金"，如果是黑漆地，就叫黑漆理描金，如果是红漆，就叫红漆理描金。黑色漆地或红色漆地，与金色的花纹相衬托，形成绚丽华贵的气派。

4、识文描金家具

识文描金是在素漆地上用泥金勾画花纹，其做法是用清漆调金粉或银粉，要调的相对稠一点，用笔粘金漆直接在漆地上作画或写字。其特点是花纹隐起，犹如阳刻浮雕。由于黑漆地的衬托，色彩反差强烈，使图案更显生动活泼。

5、罩金漆家具

罩金漆家具是在素漆家具上通体贴金。然后在金漆之上罩一层透明漆。罩金漆，又名"罩金"，故宫太和殿金漆龙纹屏风、宝座即是罩金漆家具的典型实例。

6、堆灰家具

堆灰又名堆起，是在家具表面用漆灰堆成各式花纹，然后在花纹上加以雕刻，做进一步细加工，再经过髹饰或描金等工序。形成独具特色的家具品种。堆灰家具又称隐起描金或描漆。其特点是花纹隆起，高低错落，犹如浮雕。

7、填漆戗金家具

填漆和戗金是两种不同的漆工艺手法。填漆即填彩漆，是先在做好的素漆家具上用刀尖或针刻出低陷的花纹，然后把所需的彩漆填进花纹。待干固后，再打磨一遍，使纹地分明。这种做法，花纹与漆地齐平。戗金、戗银的做法大体与填漆相似。也是先在素漆地上用刀尖或针划出纤细的花纹。然后在低陷的花纹内打金胶，再把金泊或银泊粘进去，形成金色的花纹。它与填漆的不同之处在于花纹不是与漆地齐平，而是仍保持阴纹划痕。填漆和戗金虽属两种不同的工艺手法，但在实际应用中经常混合使用。以填漆和戗金两种手法结合制作的器物在明清两代倍受欢迎，故宫博物院收藏品中这类实物很多。

8、刻灰家具

刻灰又名大雕填，也叫款彩。一般在漆灰之上油黑漆数遍，干后在漆地上描画画稿。然后把花纹轮廓内的漆地用刀挖去，保留花纹轮廓。刻挖的深度一般至漆灰为止，故名刻灰。然后在低陷的花纹内根据纹饰需要填以不同颜色的油彩或金、银等。形成绚丽多彩的画面。特点是花纹低于轮廓表面。在感觉上类似木刻板画。在明代和清代前期，这种工艺极为常见，传世实物较多，小至箱匣，大至多达十二扇的围屏。

9、波罗漆家具

波罗漆是将几种不同颜色的漆混合使用，做法是在漆灰之上先油一道色漆，一般油的稍厚一些。待漆到七八成干时，用手指在漆皮上揉动，使漆皮表面形成皱纹。然后再用另一色漆，油下一道，使漆填满前道漆的皱摺。然后再以同样作法用另一色漆，油下一道，待干后用细石磨平，露出头层漆的皱褶来。作出的漆面，花纹酷似瘿木或影木。俗称"影木漆"。有的花纹酷波罗或犀牛皮，因此又称波罗漆和犀皮漆。这类漆器家具传世品极为少见。

10、嵌厚螺钿家具

嵌螺钿家具常见有黑漆螺钿和红漆螺钿。螺钿分厚螺钿和薄螺钿。厚螺钿又称硬螺钿。其工艺是按素漆家具工序制作，在上第二遍漆灰之前将螺钿片按花纹要求磨制成形，用漆粘在灰地上，干后，再上漆灰。要一遍比一遍细，使漆面与花纹齐平。漆灰干后略有收缩，再上大漆数遍，漆干后还需打磨，把花纹磨显出来，再在螺钿片上施以必要的毛雕，以增加纹饰形象、生动、逼真的效果。即为成器。

11、嵌薄螺钿家具

薄螺钿又称软螺钿，是与硬螺钿相对而言。是取极薄的贝壳之内表皮做镶嵌物。常见薄螺钿如同现今使用的新闻纸一样薄厚。因其薄，故无大料，加工时在素漆最后一道漆灰之上贴花纹，然后上漆数道，使漆盖过螺钿花纹。再经打磨显出花纹来。在粘贴花纹时，匠师们还要根据花纹要求，区分壳色，随类赋彩，因而收到五光十色，绚丽多彩的效果。

12、洒嵌金、银、螺钿沙家具

洒嵌金、银、螺钿沙家具是在上最后一遍漆时，趁漆未干，将金泊、银泊或螺钿碎末撒在漆地上，并使其粘着牢固，干后扫去表面浮屑，打磨平滑即成。表现出绚丽华贵的特点来。

13、综合工艺

明清两代漆家具除上述一种工艺或两种工艺结合外，还有综合多种工艺于一身的代表作品。在故宫博物院收藏的明代传世实物中，这方面的实例也很多。

四、雕刻工艺

雕刻工艺，指在器物上雕刻出凹凸不平的各式花纹，为器物增加艺术上的美感。给使用者创造一个赏心悦目的艺术享受与精神享受。

用雕刻手法装饰器物由来已久，早在原始社会时，人们已知道用贝壳、玉石、兽骨等加工各种装饰品。到原始社会后期，雕刻技术已发展到很高的水平。已能够加工质地较硬的玉石制品。河南安阳大司空村出土的商代石俎，有四条粗壮的四足，俎面四缘起拦水线，在俎的前后两面，各雕出两组兽面纹。商周时期是我国历史上的青铜时代，冶炼技术已具有很高的水平。但值得说明的是在浇铸各种器物之前，必须先制成模型，雕刻好所需的各式花纹，然后再以模型制成模子，才能浇铸出各种精美的器物来。河南安阳出土的六足三眼铜禁，宝鸡斗鸡台出土的西周夔纹铜禁，安徽寿州出土的战国十字纹俎以及河南出土的春秋镂空虺纹铜俎，还有江西贵溪崖墓出土的春秋木案，案面及四腿系用一块整料雕制而成。尽管它们有些不是直接的雕刻品，但它们都是雕刻艺术的产物。

春秋战国时期，漆器工艺发展很快，当时我国南方各地都有生产。这些漆器制品，造型优美，它们的骨架都是经过雕刻而成的。当时最具代表性的是楚国。近年在湖南、湖北发掘的楚墓中出土大批漆器，其中有俎、案、几、屏等日用家具。举一件木雕漆绘小座屏为例，该屏长51.8厘米，高15厘米，底座两端着地，中间悬空，上承一玲珑剔透的矮屏，屏心以透雕、浮雕间毛雕手法雕刻出凤、鸾、蛙、蛇、蟒等五十五个神态各异、互相缠绕角斗的动物形象。尤其是画面中的鸟和鹿，作跳跃奔

腾状，充满动感。雕刻手法高超，足令后人惊服。座屏以黑漆为地，彩绘朱红、灰绿、金银等多种色彩，绚丽夺目。充分显示了当时艺人们的创作才能和高超的艺术水平。

秦汉以后，漆器工艺高度发展，就家具工艺而言，彩绘家具空前普及，雕刻家具数量相对减少，到明清时期，雕刻工艺又有了很大发展。家具艺术也不例外，绝大多数的家具或多或少都带有雕刻成分。有的家具甚至综合多种工艺手法于一身。创作出许许多多神气灵动、栩栩如生、具有极高艺术水平的作品。当时以江春波、周义等人最为著名。据《中国艺术家征略》卷五记载："江春波，名福生，幼时为后母所逐，苏州雕工某怜而育之。遂习其艺。雕刻神像，所得工价尽买药材、奇木。与蜀中长道人相契，道人欲游西湖，偕之来渐贸，所携药得百余金，多置青田冻石，古藤樱木，柏根湘竹与道人归邑出亡已二十年，年四十矣。父及后母俱亡后，母弟已冠。人劝春波娶，不听，而为弟娶妇，买田二十亩瞻之。与道人选胜五浪山，倚山面湖，筑草堂于茂林中，草上洗以米潘苔生，宛如绿毡（卢棵中有草俗呼为三角草，取以盖屋，过夏则生苔）。堂中奉佛像，布置具远方所得石鼎、蚌瓢、竹兰、铜钟磬。坐墩、隐几诸物皆奇古。非吴人所制。日与道人诵经礼佛，暇则取藤樱古木湘竹，制为砚山、笔架、盘盂、臂阁、麈尾、如意、禅椅、短榻、坐团之类。摩弄光泽绞洁照人，富贵家所未有也。莫不持重货以求之"。

"周义，长沙人，幼入塾，对门某匠善雕刻，妙绝一时，义辄逃学往观，归效其技，刻门阑床脚几遍。父怒，笞之，不能改也。久之，曲尽其妙。

又有杨先生者，善画花鸟草虫，义伺其作画，即造访之，问以笔法，杨颇不耐曰：'子不能画，喋喋何为'。义曰：'凡公所能写于纸者，我能刻之于木。'杨即写老柏图，缠以凌霄，千丝万缕，纠结盘屈如龙蛇。画讫，授义曰：'如此可刻乎，孺子试仿之，不成则无为过我矣。'义归家，取坚木，辍寝食，屏人事。日夕为之。极尽般尔之巧。三日而就，献之杨先生，先生大惊曰：'子刻法精劲胜我笔画，异日必以此传'。因尽以匣中画稿与之。且教以篆分书法。诫曰：'技艺虽微，必矜慎自重，乃可名世。不遇鉴家勿作，非佳木亦勿作也'。义自受杨先生画稿后，技益精。所刻多檀、楠、黄杨，或以象齿。然不恒见也。所作诸器皆善，而扇骨为最工。予得一事，一骨作蒲桃须梗，纠蟠如钮铁丝，一骨作扁豆，有甫生荚者，有已枯者，色色如生，又一叶为虫蚀小孔，虫伏其中，蠕蠕欲动。尤为奇妙。骨下镌"周义作"三字，小篆体亦精。……义曾制一木床，以黄杨为两柱，一刻老梅，一刻怪松，交互床檐。梅蕊松枝相错，几无隙地。而井井不乱。坡诗所谓'交柯乱叶动无数，一一皆可寻其源'。若为此咏也。闻镌刻一年始就，又磨制半年使之莹泽。虽花叶层叠，枝柯垒砢，而圆润如珠玉。拊之滑不留手。其涩而拒手者，伪作也。义尝曰：'刻工十之四，磨工十之六。盖磨尤难于刻也'"。

以上两则记载，生动地描绘了明代雕刻工艺概况。亦为清代雕刻艺术打下了坚实基础。清代则在明代基础上又有了新的提高。清代初期，正值西方传教士来华传教，西方的建筑、绘画、雕塑艺术广泛为中国所应用。在建筑和家具行业里较多地吸取了西洋的装饰手法，雕刻图案富有层次，显示出强烈的立体感。与明代的雕刻风格大不相同。清式家具主要以清宫造办处制作为代表，清宫造办处中设有木作，从全国各地选招优秀工匠到皇宫应役。由于广州工匠接受西方文化较早，技艺又精，受到皇家喜爱，因此在木作中又单设广木作。乾隆二十年左右是造办处最繁盛时期，当时在木作中应役的广木匠就有十人之多。加上家具造型、纹饰的变化，形成有别于明式的清式风格。被誉为代表清代优秀风格的清式家具。

雕刻工艺发展到清代已达到最高的水平，表现手法有阴雕、阳雕、浅浮雕、深浮雕、透雕、镂雕、圆雕、毛雕等。

阴雕，即图案低于地子，有留地不留地之别。留地即图案的底子是平的。不留地的一般多以线条表现图案，雕刻时常用斜刀，雕刻纹路的断面呈"V"字形。

阳雕，即雕刻图案高于地子表面，是将图案雕好之后，再将图案之外的地子用刀铲平，这种图案均很突出，具有一定的立体效果。它与浮雕没有明确的不同概念。

浮雕，浮雕又分浅浮雕和深浮雕，浅浮雕大多都略高于地子，要把图案表现出很多层次来，就比较难。深浮雕的图案起地较高，可以雕出不同层次，使图案更加形象化。

透雕，透雕是将图案以外的地子搜空雕透，然后在图案上施以适当的毛雕使图案形象化。如人物的衣纹，动物的毛发等。透雕有一面雕和两面雕之别，一面雕又称一面作，两面雕又称两面作。一面是把图案雕透后只在一面施加毛雕，另一面只有搜透的孔眼，而没有图案。这种器物，只能靠墙陈设，俗称靠山摆。两面作即把图案搜透后在两面施加毛雕。这类家具大多体现在屏类家具上，如大插屏，陈设殿堂之中，可以两面看景，还有罗汉床的围子和扶手等。可以增加室内陈设美的装饰效果。

镂雕，镂雕大多与深浮雕结合使用，是在深浮雕的基础上将个别部位横向搜空，而不是将地子搜透。一般来讲，纵向雕空为透，横向雕空为镂。

圆雕，圆雕又称立体雕，即前后左右及上部融为一器者，圆雕又称综合雕，是集两种或三种手法结合的工艺手法。

毛雕，毛雕即在图案之上施加的点缀性雕刻，如人物的衣纹，动物的毛发等，前述各类雕刻手法都离不开毛雕，因为任何图案都需要生动传神，所以毛雕在雕刻中是必不可少的一种雕刻手法。

本书所收家具大多都有雕刻内容，最典型的是紫檀雕夔龙纹罗汉床，床围、床牙、床腿都雕满夔纹。尤其是起地浮雕，在图案纹路复杂，铲刀处处受阻的情况下，能把地子处理的非常平，是十分不易的。雕刻不易，磨光就更不易了。一件作品往往三分雕七分磨。一件家具十天完工，给雕工三天，剩下七天给磨工。磨工要反复磨好几遍，先用八百号砂纸磨，后再用一千号砂纸磨，然后再用一千二、一千五百号砂纸反复打磨四至五遍，然后再烫腊。烫腊是先把腊加热融化，将腊刷在家具上，用热运斗反复烤，让腊充分往木材里渗透，最后是刮去表面浮腊，用粗布、细布反复擦几遍，把表面浮腊擦净。一对椅子从打磨到打完腊，一个人要费工十几天。如果是大件攒棂罗汉床，起码要打磨一个月。

清代继承明代，品种上又有所增加，尤其是康熙晚年开放宁波和厦门两个口岸以来，从西洋和东洋进口了一批洋漆家具，深得雍正皇帝喜爱，以至当时的福州、宁波、九江、长庐等地竟相仿造。从雍正九年的一份档案中得知当时在造办处中也有人专门制作洋漆器物。由于活做得好，其中的李贤、吴云章各赏银十两，孙盛宇、王维新、秦景岩、王四、柳邦显每人赏银五两，达子、段六各赏银三两。从清宫现存实物也可看出洋漆器物占很大比重。成为清代漆家具的一大特点。还有在紫檀家具上施加彩绘也是清代雍正时期的新品种。乾嘉时期在这个基础上只是数量上的增多和工艺上的提高。清代中期以后，及至清末民国，由于国运衰退，漆器工艺也和其它工艺一样，每况逾下，而进入衰落状态。

本书收录的彩绘家具以紫檀描金花卉纹博古柜和彩金象描漆小插屏最具代表性。描金漆的做法是先以基本漆工艺做成素漆家具，再把金箔研成碎沫，将金箔掺入清漆内调成金色漆，用毛笔蘸金漆直接在漆地上绘制各式图案。这种工艺，要求艺人要有极深的绘画功底。绘画时必须一笔成活，不能涂改，非高手不能为。从图案的生动性可以想象其难度之高。

"彩金象"是金漆工艺的又一手法，本书的紫檀嵌银丝、牙骨小插屏最具代表性。其做法是先在素漆地上勾出画稿，在图案轮廓内打金胶，待金胶七八成干时，再将纯金金箔直接粘贴上去。如果粘贴过早，金胶过湿，金箔容易吃进金胶，影响金色效果。过晚则金箔粘贴不上，所以艺人要掌握好尺度和分寸才行。有时为增加金色效果，还要贴两层金箔。金箔干固后再用黑色漆勾边，并在金漆图案上用黑漆勾画象形纹理，形成金色图案黑色纹理的画面来。

纵观中国古代家具史，每个时期都有优秀作品传世。这些优秀作品，无不饱含中华民族优秀传统与文化的内涵。从这个意义上讲，在家具的形貌、纹饰以及人们使用家具的习俗中，又包含着丰富的非物质文化因素。雕刻、镶嵌、彩绘作为家具艺术的不同装饰手法，在传承和弘扬民族文化艺术的活动中，具有十分重要的意义和作用。今天，我们的国家经济繁荣，政治稳定，人民生活水平空前提高。收藏活动方兴未艾，民间蕴藏的国宝不断涌现出来，对文化艺术市场的繁荣起到积极的推动作用。

近期，一批源出清宫帝王之家的国宝级家具惊现于世，被春善堂主人购藏。总计五十余件，多数为清代雍正、乾隆时期制品，这批国宝级家具的出现，不异于盛世瑞星，闪亮登场，倍受世人瞩目。许多专业人士无不称赞这批家具为"大开门，惊为稀有之物"。许多文物公司与个人都争相购买，还有的要举办宫廷家具专题展览。更有多人主张编印成书，让更多的人领略清代宫廷家具美丽动人的风采。更对我们宣传祖国传统文化知识，进行爱国主义教育，提高文化素养，增强广大人民的民族自信心和自豪感，创建社会主义和谐社会，有着深远的历史意义和现实意义。编著此书的目的，正基于此。

作者简介

胡德生

故宫博物院研究员

原故宫博物院典章科科长

1975年毕业于北京大学历史系，同年10月到故宫博物院从事古代家具的保管与研究。1986年写出《清代广式家具》一文，得到众多专家的充分肯定。先后协助王世襄、朱家溍两位先生完成《明式家具珍赏》、《中国美术全集·竹木牙角器》的文物拍摄及编辑工作。在《故宫博物院文物珍品大系·明式家具卷》和《清式家具卷》中任副主编。自1984年起，先后在国内外部分报刊、杂志发表古典家具专业论文和文章四十余篇。出版《中国古代家具》、《中国古代家具与生活》、《胡德生谈明清家具》、《明清家具鉴藏》、《明清宫廷家具大观》、《故宫经典明清家具》、《明清家具二十四讲》、《故宫藏镶嵌家具》、《故宫藏彩绘家具》等书。多次应邀到香港、台湾、广东、广西、山东、山西、天津、北京部分大学及文化团体讲授古典家具。1994年评为故宫博物院副研究员，2003年3月晋升为研究员。并兼任国家文物鉴定委员会委员、国家非物质文化保护工作委员会委员、文化部文化市场发展中心艺术品评估委员会委员、文化部中华文化促进会理事会理事、木作专业委员会主任、中国工艺美术集团艺术顾问、中国文物学会专家委员等职。

宗凤英

故宫博物院副研究员

原故宫博物院织绣科科长

1975年毕业于北京大学历史系，1980年调故宫博物院，从事古代服饰及织绣的保管与研究。发表《倭缎及其织造》、《慈禧的小织造》、《从清代服饰看满民族务实求实的精神》、《清代朝服制度》、《试论清代补服》、《南京云锦是中国织锦艺术最高水平的代表》、《祭祀神帛》、《清代明黄串枝大洋花凸花缎》等十几篇专题论文。出版了《清代宫廷服饰》、《宗凤英谈清代服饰》等专著。并与南京云锦研究所合作出版了《中国文武官補》、《中国南京云锦》，与香港中文大学林业强合作出版了《朝天锦绣》等书。参加了《中国皇家文化汇典》、《中国古代工艺珍品》等书的撰稿工作。主编了《故宫博物院藏文物珍品大系·明清织绣》卷的出版工作，对古代服饰及织绣品有较高的研究及鉴定水平。1991年至1997任保管部织绣科副科长，1998年至2003年任宫廷部织绣科科长。1999年被评为故宫博物院副研究员。曾参加1999年第二届北京国际满学研讨会，2000年第九届国际清史研讨会，2003年南京云锦保护国际研讨会。曾经去美国纽约、中国香港讲学。2003年被聘请为"北京服装学院名誉教授"。2005年被聘请为"南京云锦研究所顾问"和"中国收藏家网"雅缘古玩鉴定中心"鉴定委员会专家及被推举为中国民族服饰研究会第一届理事会常务理事。2006年被聘请为"中国收藏家协会咨询、鉴定专家委员会"委员。2007年被聘请为"中国历代服饰文化工程高级顾问"。2010年被聘请为"北京大学文博学院教授"等职务。

张广文

故宫博物院研究员

原故宫博物院古器物部工艺组科长

张广文，1949年1月出生，1978年调入故宫博物院工作，曾于中国人民大学中国语言文学系学习，1998年评为研究员，1985年至2002年先后任保管部工艺组组长，对故宫藏工艺品类文物进行整理、管理、组织展览、进行研究，重点研究古代玉器，发表古代工艺及古代玉器研究论文多篇，著有多本专著。

主要论文：

《清代宫廷玉器的使用与收藏》

《和田玉与清代宫廷玉器》

《故宫博物院藏凌家滩出土新石器时期玉器与石器》

《中国古代治玉中的刻划工艺》

《清代宫廷仿古玉器》

《明代玉礼器与佩饰的几个问题》

《明宣德款雕填漆器》

《永乐款漆器》

《清代宫廷对古墨的整理》

著作：

《玉器史话》，较系统的归纳了古代玉器的发展过程

《古玉鉴识》，讨论了古代玉器的时代特点及识别方法

《中国玉器欣赏与鉴别》，重点将古代玉器进行分类，讨论各类玉器发展过程

《中国玉器真伪识别》，研究古玉制造特点及仿古玉识别

《明代玉器》，重点讨论明代玉器的发展及特点，明代玉器与宋元玉器、清代玉器的划分

张荣

故宫博物院研究员

故宫博物院古器物部主任

张荣，女，1963年生于天津。1985年毕业于南开大学历史系博物馆学专业。1985年至今在北京故宫博物院工作，为研究员，文化部优秀专家。从1998年至今历任宫廷部副主任、古器物部副主任、主任、图书馆馆长。个人研究方向为古代工艺、杂项类文物。

出版了《古代漆器型制与鉴赏》、《掌中珍玩鼻烟壶》、《20世纪中国文物考古发现与研究丛书—古代漆器》等专著，主编了《故宫珍宝》、《五凝秋水—清宫造办处玻璃器》、《故宫经典—文房清供》、《故宫经典—竹木牙角图典》、《中国文房四宝全集—文房清供》、《明永乐宣德文物特展》、《你应该知道的 200件鼻烟壶》、《你应该知道的200件玻璃器》。发表了《清雍正朝官造玻璃》、《明代御用监造漆器的款识及伪款辨识》、《中国元明清掐丝珐琅》等论文数十篇。

一　镶嵌家具

木胎漆地嵌象牙长方匣

明代
长32厘米，宽35厘米，高15厘米

　　此漆匣为长方形，木胎髹漆，通体以平嵌法镶嵌象牙雕刻的凤、狮及折枝花卉等纹饰。长匣的正面白铜面叶拍子，分两层，打开上盖，内屉中有两道矮墙可用于摆放笔墨纸砚及文书之属。下层设抽屉。盖上匣盖，扣上拍子，穿鼻上锁，可将上屉和抽屉一并锁住。匣体四角有包铜岔角，两侧安铜锁式铜质提环，并衬以四瓣海棠花式垫片，背后有铜质方形合页。匣体周身为漆地，以象牙镶嵌鸾凤、舞狮及各式折枝花卉。匣面镶嵌仕女赏花图。这种平嵌法的器物，其工序是先作成匣体木胎，在胎上打生漆，趁生漆未干，粘贴麻布，用压子压麻布，使下面的生漆透过麻布眼挤到上面来，然后将事先磨制好的嵌件粘贴在麻布上，等干后刮漆灰腻子（一种用鹿角烧成灰，再用清漆调制成糊状，这种腻子非常细润，干后极硬），漆灰腻子干后，再油两至三遍大漆，第三遍大漆要高于嵌件，大漆干后再打磨抛光，露出嵌件，即可完成。嵌件上还要做适当的毛雕，如动物的眼睛、毛发，花朵的叶筋、花蕊等。制作工序十分复杂。这件漆匣从包角、面叶、纹饰以及工艺特点看，显系明代作品，因为进入清代后，一般不用平嵌法，而多用挖槽镶嵌的周制镶嵌法制成。此匣虽有些残破，但大体完整，且传世品极少，具重要的历史价值和研究价值。

　　此长匣，设计复杂，做工讲究，用料珍贵，雕工如此之细腻，非一般达官贵人所用，应为皇宫贵族所用。具有极高的艺术价值和收藏价值。

（胡德生、宗凤英）

紫檀漆心百宝嵌菊花纹宝座

清·乾隆

长112厘米，宽82厘米，高98厘米

　　该宝座以紫檀木为边座，红漆面心，面下有束腰，浮雕绦环，束腰下衬莲花瓣托腮；直牙条，下垂洼堂肚。拱肩展腿式外翻马蹄。足下带托泥。面上为五屏式座围，转角处作出委角，座围心以深浅两种天蓝色漆作地，在天蓝色漆地上又以周制镶嵌法用象牙、墨玉、金螺钿等宝石镶嵌寓喻"长寿"之意的整株菊花纹。两扶手里外两面具镶嵌整株菊花纹。其地子与菊花的色彩处理得非常得当，收到了蓝天彩花的艳丽而明快的艺术效果。此宝座的作法与故宫现存的几件宝座做法极为相似，从其用材、做工、装饰手法、装饰题材的艺术风格等方面看，这件宝座具有浓厚的清代乾隆时期的风格，无疑出自清宫造办处之手，为乾隆皇帝的御用之物无疑。如《故宫收藏·紫檀家具》一书中收录的清中期的"紫檀嵌花卉宝座"与此书中的"紫檀漆心百宝嵌宝座"相比，除"紫檀嵌花卉宝座"有包角之外，大体相同。尤其是所镶嵌的菊花纹与故宫收藏宝座相同，其不同的是"春善堂"收藏的"紫檀漆心百宝嵌宝座"，所用的嵌料比故宫收藏的那件宝座珍贵。具有极高的历史价值、艺术价值和收藏价值，是件稀世收藏极品。

　　更令人兴奋和叫绝的是，此宝座上竟配有清康熙时期的"明黄色缎绣五彩勾莲宝相花蝠寿纹坐垫一件和迎手一对。"此坐垫以明黄色五枚三飞经面缎为底衬，其上以宝蓝、蓝、月白、朱红、红、白、黑等色绒线及捻金线等为绣线，采取2——3退晕的润色技巧，运用平针、正戗针、打籽针、鸡毛针、滚针、套针、缉线、平金等十来种刺绣针法绣制寓喻"连保福寿双全如意"之意的勾莲、宝相花、蝙蝠、金团寿字等纹饰。尤其是用批批线条衔接的正戗针绣制勾莲花的花朵，使花朵润色更加自然，更具有立体的层次感；用线条宛转自如灵活的平针绣制勾莲纤细的枝蔓，致使勾莲的枝蔓宛转自然，如若天成一般秀丽而优美；用针针环绕成颗粒状的打籽针绣制宝相花的花心与蝙蝠的眼珠，使宝相花及蝙蝠形象逼真，酷似真的一般栩栩如生。打籽针，绣制容易，绣好极难，功夫不到家的绣匠，绣出的颗粒不仅不饱满，而且立体效果极差。像此坐垫用线之细，颗粒如此饱满的打籽绣，应出自清宫造办处高师之手。针对物象施针，是此坐垫的成功之处。

　　此坐垫用八根捻金线把坐垫界分成坐垫与坐垫边两部分。此坐垫以金四合如意头环抱的宝相花为坐垫中心花，四周绣主体花纹串枝勾莲纹，并间饰在花间翩翩起舞的蝙蝠纹。此坐垫以串枝勾莲纹，间金团寿字纹组成坐垫的边饰，每个勾莲花间饰一个金团寿字，每边饰3个，四边共饰12个金团寿字。使整个坐垫不仅金彩辉映，而且金碧辉煌，显得更加雍容华贵，彰显皇家气派。

　　此坐垫构图巧妙，用料珍贵，尤其是用捻金线绣制花纹，不仅增加坐垫华丽感，同时也大大地增加了坐垫的成本。制作捻金线的工序极其复杂而费工。首先是把24k纯金，用小锤一锤一锤地锤打成像纸一样薄的金箔，之后再把金箔粘贴在有韧性的牛皮纸上，然后用小刀把金箔切割成2——3毫米的金丝，最后再把金丝捻缠在丝线之上，捻

金线才算制作完成。绣工精细规整，色彩艳丽，花纹灵活生动，自然天成。绣制这样一件精美的坐垫及迎手，一人要用2——3年才能完成。像此年代这样早的，保存又如此完整的坐垫，故宫亦不多见。按《大清会典》的规定：此坐垫应是皇帝、皇太后、皇后、皇贵妃所用的垫子，具有极高的艺术价值及收藏价值。从此坐垫所用的主人来看，同时也可佐证该宝座所用的主人，应为乾隆皇帝的御用之物无疑。

（胡德生、宗凤英）

紫檀家具精粹

故宫博物院藏百宝嵌宝座

紫檀木漆心嵌宝石花卉纹宝座

清·雍正至乾隆

长97厘米，宽68 厘米，高110厘米

　　此件宝座除靠背、左右扶手心之外皆为紫檀木制成，面下有束腰，透雕炮仗洞。下承托腮。四面牙条大垂洼堂肚，鼓腿澎牙，内翻大挖马蹄，马蹄下承框式托泥，四角下饰龟形足。面上三屏式坐围，均以寓喻"如意"之意的如意云纹曲边攒框，边框内外两面各饰双边线，当中起地浮雕勾卷云纹。框内以柴木作胎，在木胎上先涂生漆，再生漆未干时铺上麻布，轧麻布，再上一层腻子，之后上大漆，以披麻上漆工艺制成灰白色漆心地，靠背的漆心之上正面及扶手的正反面两面皆用绿玉、码瑙、紫晶、寿山石、青金石、珊瑚、象牙等珍贵原料以周制镶嵌法嵌成寿山石、牡丹、南天竹、兰花、水仙、菊花、海棠、万寿菊等各式花卉纹饰。宝座靠背正面嵌成寓喻"仙祝连富贵长寿多子"之意的寿山石、牡丹、南天竹、兰花、水仙等花纹，宝座靠背的背面为黑素漆地，并满布极规律的蛇腹断纹；宝座的右扶手心内嵌寓喻"仙祝长寿多子满堂"之意的寿山石、南天竹、水仙、竹子、海棠等花卉纹；宝座的左扶手心内嵌寓喻"仙祝长寿多子"之意的寿山石、南天竹、水仙、菊花等花卉纹。整个宝座造型优美、稳重而大方，用材考究贵重，且做工精细，镶嵌的图案色彩搭配自然天成，犹如真的一般栩栩如生，比如用红色码瑙、雪青色紫晶、香黄色黄寿山石嵌南天竹的红色豆或未成熟的雪青豆及香色豆等，再如用碧玉嵌花卉绿色的枝叶，使花纹神态逼真，具有大自然的朝气与活力。此宝座材质珍贵，工艺复杂，其做法是先用紫檀攒框，素漆地做好后，开始在漆地上描画花纹，然后将花纹内的大漆及漆灰腻子剔去，形成凹槽，再在槽内涂胶，再将事先按图案磨制好的各种材质的嵌件粘进槽里去。由于嵌件较厚，形成一半嵌进槽内，一半露在槽外。再把槽外嵌件表面施以适当毛雕，使图案形象生动，收到色彩艳丽、富丽堂皇、雍容华贵的艺术效果。这种工艺，难度在磨制嵌件上。因为所嵌材料都是昂贵的玉石、玛瑙、翡翠、青金石等，宝石的硬度都很高，加工难度极高，费力费工，做一件百宝嵌家具，嵌工一般全是手工操作，用金钢砂一点点磨制而成，艰难程度更可想而知。皇帝的一件宝座，靠背里面及扶手的正反两面都镶嵌上复杂的花纹，不知要耗费了多少人力物力，其做工难度、珍贵程度要比纯紫檀的不知费工多少倍。其成本要高出紫檀宝座的2到3倍。

　　此宝座从做工、装饰手法及漆地断纹看，具有浓厚的清代雍正至乾隆时期的风格与特点。这种用镶嵌各种宝石来装饰宝座花纹的做法，在故宫里也极为鲜见，在同类作品中像此宝座这样完整的极为难得，属出类拔萃的艺术精品，具有极高的历史价值、艺术价值和收藏价值。此件宝座与《故宫博物院藏文物珍品大系·明清家具》中收录的清中期"紫檀嵌牙菊花纹宝座"的工艺完全相同，造型极为相似。而且此宝座的左扶手外侧并贴有民国时期"国立北平故宫博物院，点收补号一四〇"字样的纸条。其右侧还贴着一个上书"破硬木宝座一件，翻字，一四〇"字样的纸条。具有关资料证明，翻字为故宫皇极殿的代号，此件宝座是原摆放在皇极殿里的宝座。此宝座之上并附有明黄色织团龙纹暗花缎坐垫。从这两个纸条和明黄色织团龙纹暗花缎坐垫来看，此宝座应是清宫旧藏之物，皇帝御用的宝座无疑。于民国时期流出故宫，埋没民间多年。欣逢当今盛世，重见天日，为春善堂收藏。

（胡德生、宗凤英）

此紫檀百宝嵌宝座，宝座为紫檀制，长方形，靠背及扶手皆为灰白色漆地嵌彩石花卉图案，经家具专家胡先生鉴定，宝座为清代中期作品，观其所嵌图案及镶嵌风格，皆有清代宫廷作品特点。木胎漆地镶嵌工艺很早就已经出现，唐代有金银平托，宋代木地嵌螺钿工艺已很发达。《长物志》言："曾见元螺钿椅，大可容二人，其制最古，乌木嵌大理石者，最为贵重。"承德避暑山庄藏有明代黄花梨嵌楠木宝座，用楠木樱子嵌图案，清代宫廷还使用嵌玉宝座，这种百宝嵌宝座，在明清宫廷中很少见。这件宝座的后背板仅一屏，屏心灰白色漆地，由于年代久远，漆地有很多的断纹及小裂纹，屏上嵌有青金石、白玉雕成的太湖石，石的间缝中长出花卉，花三株，中一株以象牙为干，绿玉叶，嵌玛瑙、紫晶天竺，左一株水仙并绿竹，皆以碧玉为叶，彩石雕花。两个扶手则两面髹漆、嵌花卉图案，记用彩石有青玉、碧玉、紫晶、玛瑙、黄寿山石、寿山石、青金石、珊瑚、染色象牙等，花卉则有天竺、万寿菊、水仙、玉簪花、小竹、野菊、苔藓。清廷所作木镶嵌又百宝嵌，以色彩鲜亮为特点，又多以吉祥图案，此作品中几乎不见螺钿，风格淡雅清新，以乾隆时期常用的花草图案为主题，反映了清代宫廷文化的一个侧面。

（张广文）

此宝座为紫檀木制，镂空炮仗洞束腰，鼓腿膨牙，内翻马蹄足，足下带须弥座式托泥，牙板正中大垂洼堂肚。座面上装三面围子，紫檀框内镶漆板，座围正中前面及扶手两面采用漆地百宝嵌工艺，用螺钿、绿松石、青金石、青玉、碧玉、紫晶、象牙、玛瑙等珍贵材料，镶嵌出折枝葡萄、菊花、水仙、天竺、绿竹及太湖石等图案。座围正中背面髹黑漆，因年久及自然老化，呈现出漆器中特有的断纹。

百宝嵌是漆器制作工艺之一，兴起于明晚的扬州，因是周姓人始创，故有"周制"之称。清·钱泳（1759-1844）《履园丛话》载："周制之法，惟扬州有之。明末有周姓者，始创此法，故名周制。其法以金、银、宝石、珍珠、珊瑚、碧玉、翡翠、水晶、玛瑙、玳瑁、车渠、青金、绿松、螺钿、象牙、密蜡、沉香为主，雕成山水、人物、树木、楼台、花卉、翎毛，嵌于檀、梨、漆之上。大而屏风、桌、椅、窗槅、书架，小则笔床、茶具、砚匣、书籍，五色陆离，难以形容，真古来未有之奇玩也"。这段文字记录了百宝嵌工艺创始的地点、时间、创始人、制作方法、装饰图案、制作的品种。百宝嵌工艺虽创始于明末，但以清代中晚期制作的最多。这件宝座即以紫檀木为宝座的主体，纹饰采用漆地百宝嵌工艺，材料华贵，图案生动，制作考究。清宫收藏的宝座中以百宝嵌工艺作为装饰的，除这件采用灰白色漆地外，还有黄色漆地和蓝色漆地，颇为华丽和尊贵。

（张荣）

紫檀家具精粹

紫檀家具精粹

紫檀木嵌乾隆题诗柳塘烟霭山水人物挂屏

清 · 乾隆
长80厘米，宽60厘米

此挂屏为紫檀木框，内镶漆心，外饰拐子纹加绳纹花牙一圈，框内浮雕绳纹镶边。当中漆心之上用青金石、翠玉、白玉、象牙等嵌成江南山水楼阁树木花草人物等纹饰及乾隆皇帝所题的御制七言诗。挂屏的右上角为象牙镶嵌而成的乾隆皇帝御题诗，诗下和左边为翠玉、青玉、白玉、青金石、绿松石、蓝宝石等镶嵌高耸入云的高山，用红色珊瑚镶嵌红色的树干与树上的红叶，用翠玉镶嵌柳树纤细的丝丝枝条和松树的针叶，使花纹色彩丰富，靓丽而明快，从而达到五彩缤纷的艺术效果，庭院中有二位老者坐在大石上正在下棋，大桥上有一老翁手持拐杖正护送一童子过河，河中有两条小船正逆水而上去捕鱼。

此挂屏用料珍贵，图案设计巧妙，高低错落有致，巧妙地勾画出江南人民的悠闲生活。此挂屏在图案布局上紧凑合理，在色彩搭配上十分协调得当，使花纹色神态俱佳，活灵活现。正面背面的漆地上有明显的断纹。从断纹、用料、御题诗及装饰手法和风格特点多方面看，都具有标准的清代乾隆时期宫廷家具的奢华风格与特点，为清代乾隆时期宫廷家具典型的代表作品之一。此挂屏的紫檀木框花牙与《清代家具》一书中收录的清中期"紫檀大画框"一摸一样，这件紫檀大画框从另一则面证明此件挂屏是乾隆时期的无疑。并且保存完好，是一件极为难得的艺术珍品，具有极高的艺术价值与收藏价值。

（胡德生、宗凤英）

乾隆题诗柳塘烟霭山水人物屏，挂屏为长方形，镂雕紫檀木框，屏内髹漆，嵌山水人物图案，右上角嵌象牙隶书诗句："御题，新柳丝丝嫩袅风，前溪几曲后溪通，烟屯水郭绝胜处，不是吴中定越中"，嵌"乾""隆"二印。诗作于乾隆乙丑年（乾隆十年），见于《乾隆御制诗初集，卷二十五》，是乾隆赞美春景的诗句，挂屏的图案和诗描写的景物相符，不知做于成诗前还是成诗后，但是应是诗意的表现和延伸。 屏心为漆地，年久而有断纹，描金细画水波纹，紫檀木做水岸，岸上有平台，上有楼阁，二老于台前，坐书桌前对弈，一老策杖行于桥上，桥越水而连山，远处又一桥越过水面接于山下，连石阶路，路通山后，山后有宝塔，房屋，似寺院。 图中以玉、翠玉、青金石叠做山石，奇峻起伏，山上有松，岸边有柳，建筑人物松柳苔草多以象牙染色，作品略有修补。 这件挂屏边框及构图为典型清代宫廷艺术风格，木漆老旧，是清代宫廷艺术风格品。

（张广文）

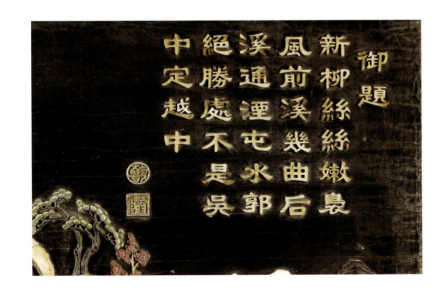 

参见《清代家具》

紫檀边座雕漆心嵌象牙插屏

清·乾隆
长74.5厘米，宽23.5厘米，高62厘米

　　此插屏以紫檀木制成，底座的站牙、余腮板浮雕拐子纹和卷草纹，前后披水牙浮雕拐子纹及缠枝莲纹。两侧墩座呈须弥座式，侧沿饰回纹，束腰上下饰八达玛纹，拱肩下内收足端外撇顶圆珠。结构复杂但设计合理，图案繁复，耐人寻味，使人百看不厌。屏框两面起多层线，内以红漆满雕回纹为地，在回纹锦纹地上，又以碧玉、白玉、象牙等珍贵材料镶嵌寓喻"仙祝连福多福"之意的佛手、玉兰、水仙；寓喻"太平有象"之意的大象驮宝瓶；具有锦上添花的艺术效果。在这幅图画中承载着丰富的文化内函。插屏背面黑漆地上，嵌有乾隆皇帝的御笔泥金书写的"波罗密多心经"。末署"乾隆三十年浴佛日御笔"，并乾隆闲章两枚。

　　此件插屏材质名贵，做工精湛，花纹饱满，极具装饰效果。并采用了木雕、漆雕、泥金画漆、周制镶嵌等多种工艺技法，且有乾隆帝御笔题字，代表了清乾隆时期家具制造业的最高水平，具有极高的艺术价值、文化价值和收藏价值。如《中国古代家具拍卖图鉴》收录的十八世纪"嵌八宝博古图摆屏"，宝石既没有此件插屏珍贵，同时也没有此件插屏做工复杂，还于1995年以HK\$80,000—100,000的起拍价登场。此件插屏的价值应高出"嵌八宝博古图摆屏"十倍以上。

（胡德生、宗凤英）

参见《中国古代家具拍卖图鉴》

紫檀木边框黑漆心嵌玉石螺钿人物四扇挂屏

清·乾隆
横53厘米，高137.5厘米

　　此挂屏由四扇组合而成一套，以紫檀木为框内镶黑漆心，再黑漆心上以周制镶嵌工艺手法，采用鸡翅木、象牙、螺钿、玉石、玛瑙等名贵材料嵌以下棋、弹琴、绘画、跳舞为主要内容的四个场面。第一扇为一男一女坐在棋桌旁，男的右手拿一棋子正准备投子，女的双目盯着棋盘，举起右手正要拿棋子的场面，周边嵌寓喻"连福寿长春"之意的莲花、寿山石、佛手和月季。第二扇为一女子坐在琴桌旁弹琴，其对面二位老者正品茶听琴的场面，周边饰寓喻"祝连富贵长寿"之意的荷花、牡丹、竹子、寿山石及芭蕉树等纹饰。第三扇为一贵妇站立在长案前正拿笔作画的场面，其旁有两童子侍画，周边饰寓喻"平安富贵长寿"之意的宝瓶牡丹及结满桃子的桃树等。第四扇为一女子展开双臂正在翩翩起舞，一男子坐在旁边观看跳舞的场面。画面活泼生动，仿佛听见了悦耳的琴声与下棋的棋子声。纹饰神态俱佳，如天造地设一般具有大自然的神韵感。

　　此挂屏用料考究，雕刻手法娴熟，工艺精堪，配色明快、古朴大方，是件极为难得的珍品。虽经数百年，但仍保存完整，丝毫不减当年富丽堂皇、雍容华贵的气势和神韵。

　　此屏风布局合理，主题突出，选材珍贵，雕工细腻入微，处处彰显着皇家"精益求精"的气派，具有极高的艺术价值与收藏价值。

（胡德生、宗凤英）

镶嵌家具

紫檀木百宝嵌携琴访友纹插屏

清 · 乾隆
长27厘米，底座宽10.5厘米，高50厘米

　　此件插屏以紫檀木为边、座，座分两层，上层四边装雕松竹梅纹垛边，当中山形框架内镶黄杨木雕梅花纹板心。面沿之下安黄杨木雕松、竹、梅花牙，正中为束腰，托腮下承梯形底座，回纹形四足。当中镶带大洼堂肚的牙板，浮雕梅花纹。腿、面、支架和屏框的正反面均用精细的银丝嵌成祥云纹。这种嵌金银丝工艺系山东潍坊特有（明代万历时期，山东潍坊有个叫田小山的人，首创金银丝镶嵌法。因独家经营，流传不广。清代时，造办处有金银丝工艺）。屏框内以各色玉石、象牙嵌出山石、松树、彩云、太阳，高大的松树之下一持杖老者前行，身后有一童子负琴随行。边走边聊天，脸上均露出开心的笑容，勾勒出一幅"明日松间照，携琴访知音"的诗意画面。插屏背面为描金漆风景画，描绘了江南群山缭绕的水乡生活。插屏上部有一行大雁正朝北方飞来，水上有渔船在划动，桥上水边均有人在走动，画面生动、生机昂然，再现了江南水乡的自然风光。

　　此插屏工艺精堪高超，属于多种工艺多种材料集于一身的实例之一。从插屏的用料，制作工艺来看非皇家莫属，足见皇家不惜工本、雍容华贵的气派，具有极高的艺术价值和收藏价值。如《中国古代家具拍卖图鉴》上卷中收录的十九世纪"红木架嵌玉石翠羽花鸟纹屏"，木质、宝石既没有此件插屏珍贵，也没有此件插屏年代早，还于1992年以HK$77，000高价成交。此件插屏的价值应高出"红木架嵌玉石翠羽花鸟纹屏"的十倍。

（胡德生、宗凤英）

百宝嵌携琴访友图屏，其下为紫檀木座，座为多层，镂雕，嵌檀木花卉，座上部为凹形，又有凸凹变化，木屏可插入，座与屏榫和严密，座上有嵌银丝图案。屏为长方形紫檀木框，较宽，嵌银丝夔纹、云纹，银丝细长，图案先于框上刻出较深的凹槽，再嵌入银片，锤平后磨实，因而镶嵌牢固，经多年而不损，银丝虽捶打而成，但粗细均匀，足见技艺高超，又见清代宫廷制造的特点。屏心灰漆地，年久而有断纹，镶嵌用玉、青金石、寿山石、染色象牙组成的图案：山石、小桥，松下一老人挂杖，一童子背琴随于后，天上有流云、白日、双雀飞翔。此图案为传统题材，乾隆时期宫廷作品中多有出现，表现方法多样，此作品突出了人物的欢乐情绪。 此类作品，有称插屏，有称砚屏，观乾隆御制诗集，多有图名后加"屏"之称谓，可依此法称之，作品的背面为描金漆山水图案，是将金粉调和于胶，再漆于作品上，宋明时已有作品，但图案较单调，清乾隆以后，宫廷画家进入工艺创作，作品图案艺术大进，又兼日本金漆画风影响，金漆山水画精进，此作品充满清代宫廷艺术风格，属清代宫廷作品。

（张广文）

紫檀边座漆心嵌象牙插屏

清 · 乾隆
长68厘米，宽22厘米，高64厘米

　　此插屏以紫檀木为边座，底座两侧的立柱做出方口圆瓶形式，瓶项浮雕芭蕉叶纹，下饰覆莲纹。瓶腹浮雕饕餮纹。瓶腹下用圆雕雕寓喻"四海升平"之意的宝瓶与海浪纹作托，坐落在须弥式底座上。两立座之间用横梁连接，两梁之间镶绦环板，并浮雕拐子式云纹。两梁之下装披水牙，浮雕夔龙纹，下沿作洼堂肚式曲边。座上装屏框，前后两面饰混面双边线。框内装漆心，以周制镶嵌法工艺饰"万福添源"风景图。画面中用各色美玉、宝石雕嵌成在蓝天上漂浮的云，在云中时隐时现的山峰及天上飞的白鹤以及被水环绕的乡村楼阁、树木与各种姿态的人物。有的手提大鱼，有的肩扛农具，有的在哄小孩，有的围坐在一起在聊天。场面欢快，宏伟壮观，反映出太平盛世人们安居乐业的幸福生活。尤其是用墨玉嵌山石楼阁庭院，用白色象牙雕嵌人物、楼阁的围栏与白鹤，用绿色翡翠雕嵌松树的针叶和水边的小草，使画面更加生动活泼，具有生命力和真实感。碧水蓝天，好一派祥和景象。插屏背面黑素漆地，以象牙雕隶书字体嵌乾隆帝御制诗。生动地描述了正面图景的诗情画意。御制诗的内容是："已识南能域，犹传善卷村。石依云作髓，山结水为根。一径重华路，双株古佛门。欲寻禅寂处，虫语近黄昏。"末署"乾、隆"二字圆方二章。屏心漆面有明显的断纹。从断纹特点及漆面光泽看，与乾隆时期的作工及风格特点完全一致，为清代乾隆时期插屏类家具的极品。

　　此插屏从用料、嵌工、雕工及御制诗来看，应为清宫遗物，皇家用品，其与故宫珍藏的同类插屏相比豪不令色。如《故宫收藏·镶嵌家具》中收录的清中期的"紫檀边座嵌鸡翅木山水插屏"，工艺、花纹相差不多，极为相似，具有极高的艺术价值和收藏价值。

（胡德生、宗凤英）

镶嵌家具

故宫博物院藏镶嵌家具

紫檀木小桌屏风

清·乾隆
长54.5厘米，宽16厘米，高58厘米

　　此件小桌屏风系座屏风中的一种。座屏风大者可陈设殿堂，摆在正殿明间的显要位置，如故宫博物院东西六宫都有这样的屏风。带座屏风多为单数，最少一扇，称为插屏，其余则三扇、五扇、七扇、九扇不等，最多为九扇。其结构下部采用三联式须弥座，用走马销连接。座上有插孔，屏风大边直插座底。屏风中扇最高，也最宽，两侧依次递减，小者可以陈放在桌案之上成为纯观赏性家具。此屏风是依大件屏风按比例缩小，属于桌案之上用于遮蔽灯光的灯屏。屏风通体紫檀木制成，下部须弥式三联底座。屏分三扇，下部有壶门式牙条，屏心正中以各色玉石镶嵌

寓喻"富贵平安"之意的宝瓶内插牡丹纹。左边那扇上嵌寓喻"长寿"之意的寿字及寿桃等纹饰。右边那扇上嵌寓喻"多福"之意的福字和佛手等纹饰。屏风顶部安三联屏帽，浮雕夔龙捧寿纹。此屏风材质珍贵，作工精细，尤其是用玉材镶嵌在家具上，非皇家莫属。

　　此件小桌屏风构图严谨，简洁明快，稳重大方，花纹寓喻吉祥，形色态俱佳，具有极高的艺术价值和收藏价值。

（胡德生、宗凤英）

木嵌玉小屏风，仿大屏风样式，三扇，下有座，上有顶，屏上嵌玉，左扇上部嵌镂雕白玉"寿"字，其下嵌紫檀座、白玉如意组成的小屏，再下为碧玉仿古鸡心佩及白玉小佩。右扇上部嵌镂雕白玉"福"字，其下为白玉镂雕童子佩，再下为碧玉及白玉小佩。中扇嵌玉花瓶，瓶中插花，碧玉枝叶，白玉花。所嵌玉佩多为明、清玉件。

（张广文）

漆地嵌象牙山水人物长方盒

清·乾隆
长36厘米，宽24厘米，高18.5厘米

此漆盒为长方形，黑漆地，上开盖。上盖四面立墙以象牙平嵌寓喻"长寿"之意的朵梅纹饰。盒盖周圈用象牙镶边，盒盖左边嵌依山傍水的楼阁庭院。右边上方嵌高山明月，下方嵌有诗句，既"听月楼高太清，南山对户分明，昨夜姮娥现影，嫣然笑里传声"。末署"清、玩"二方印章。整个画面为一个书生赏月的场面。场面空旷、宏伟、视野宽阔。盒的四墙外面均嵌象牙博古纹饰。

此漆盒构图别致，图案布局合理，用料珍贵，雕工细致入微，精益求精，线条优雅，宛转自然天成，把楼阁庭院、山峰、树木、人物等刻画得淋漓尽致，生动传神，耐人寻味。从此漆盒的用料、雕工以及花纹的题材来看，都显示了皇家的"不惜工本，只求精益求精"的一种霸气，一种闲情雅致。具有极高的艺术价值和收藏价值。是一件极为难得的艺术珍品。

（胡德生、宗凤英）

曉月樓高太
清南山對戸
夕陽咏夜姫
嫁現影鳴然
笑業傳聲

隋珹

紫檀木雕云龙纹方印盒

清·乾隆

长18厘米，宽18厘米，高20厘米

　　此印盒为方形，通体紫檀木制成。为天覆地式，底座须弥座式，四周雕古玉纹。盒盖立墙四边饰混面单边线，当中雕主体花纹，正面坐龙各一条，其正面坐龙周围间饰如意式祥云纹，下部雕海水江崖纹，为了使龙更生动，更突出，更具有立体效果，每条龙的龙头都高于周围的花纹，更增加了龙的活力。尤其是顶盖正中以白玉镶嵌八卦中的乾卦符号。周围又以青玉镶嵌五爪升降龙四条，龙皆为两两相对，互相呼应。上边的两条龙，其左边的为侧降龙，头朝下；右边的龙为侧升龙，头朝上；下边的两条龙皆为侧降龙，头皆朝下向里。显得特别雅致而高贵。乾卦符号和龙纹巧妙的组成谐音"乾隆"二字款识。寓喻此印盒为乾隆皇帝所用的印盒。龙纹周围衬以祥云纹，下部饰海水江崖纹。云龙纹和海水江崖纹组合，寓意乾隆为"真龙天子"，或寓喻"江山万代永固"之意。用乾卦符号与龙纹组成谐音"乾隆"款的藏品，在故宫藏品中屡见不鲜。此外乾隆帝还有专门用八卦中乾字符号制作的图章。

　　该印盒图案设计古朴、大方、别致。雕刻手法娴熟老练，磨工极细，使花纹更加神彩奕奕，生动至极，活灵活现。从其用料大气（此龙由于龙头高出其它花纹，故多用一倍以上的料），雕刻手法和花纹风格以及乾隆款来看，为清宫乾隆的御用品无疑，处处彰显着皇家只求精，不惜工本的气质，具有极高的历史价值、艺术价值和收藏价值。例如《故宫经典·明清帝后宝玺》一书中收录的"成得堂宝"宝匣及"三希堂精鉴玺"玺匣，皆用乾卦符号与龙纹组成谐音"乾隆"款识。此印盒是件难得的收藏极品。

（胡德生、宗凤英）

参见《故宫经典·明清帝后宝玺》

紫檀木漆心嵌玉象牙博古纹挂屏（一对）

清·乾隆
横62.5厘米，高94厘米

　　此件挂屏以紫檀木为框，内镶漆心，在漆心之上又以白玉、碧玉、青玉、象牙、翡翠、码瑙及紫檀木等珍贵材料采用著名的周制镶嵌法嵌各式博古图，比如其中一屏，上雕寓喻"富贵长寿平安"之意的宝瓶内插牡丹及梅花，还有寓喻"多子"之意的南瓜、石榴、葡萄、寿桃、莲藕等水果，寓喻"多福多寿多子"之意的蝙蝠口衔石榴、寿字和葫芦花的座屏和花篮、书函、宝珠等装饰。另一屏上雕寓喻"天下太平"之意的四灵之一的麒麟，寓喻"庆长寿平安"之意的宝瓶内插灵芝、磬等物件，寓喻"青云直上必实现"之意的云托人物的座屏、玉佩及笔筒里插笔、剑等物件。挂屏是居室内的一种装饰用品，人们在装饰华丽的氛围中，可以达到养心悦目，心情舒畅的精神享受。屏背髹黑素漆，前后两面漆地均有规律的断纹。从其断纹程度和紫檀框内镶漆心及镶嵌手法看，具有清代中期苏式家具的风格与特点。

　　此件挂屏构图新颖别致，用料珍贵，花纹形态逼真，落落大方。尤其难得的是，此件挂屏成双成对，并保存完整。像这样的挂屏，用料昂贵，镶嵌难度高，应属宫内之物。如《故宫收藏·黄花黎家具》一书中收录的乾隆"黄花黎嵌玉挂屏"，除木质不同之外，余皆极相似，从另一角度证明此件挂屏为清乾隆时期的无疑，具有极高的艺术价值及收藏价值，是不可多得的艺术佳品。

（胡德生、宗凤英）

嵌玉博古图挂屏一对，挂屏以紫檀木为框，屏面一暗色褪光漆为地，其上嵌多组博古图案，主体图案以古玉器为主体，配以彩石，牙角，即为博古图，又是古旧玉器收藏。 第一面挂屏嵌图案七组，第一组掐丝珐琅花瓶，下配紫檀木座，瓶内插花，牡丹花枝以绿玉为叶，白玉为花，所用玉件为宋明时妇女头饰，又有玛瑙组成的梅花花枝。第二组紫檀木架，架挂岫玉镂雕小磬，磬下又挂红白玛瑙金鱼，为吉庆有余的传统图案。第三组为牙雕双花篮内有花果。第四组为三函书叠落，端部又呈"品"字形。第五组为聚宝盆，内存绿玉万年青，彩石果品。第六、七组为紫檀木座双屏，屏由白玉如意组成，如意嵌件为清代早期作品。 第二面挂屏亦嵌图案七组，第一组图案已残缺失轶，似狮子，仅存稀少。第二组为紫檀木座圆屏，屏座精致异常，圆屏以粉彩瓷环为框，内有一老人并蝴蝶，含耄耋长寿之意。第三组为仿古大瓶，瓶插画卷并灵芝如意，灵芝下挂明代样式白玉磬，其下又挂小如意嵌件及白玉透雕佩。第四组为一谷纹小璧，有长绳相系，为系挂之饰。第五组为瓜果盆，白石盆，芙蓉石、水晶、青玉瓜果。第六组，紫檀几式座，上置翠瓶、白玉如意嵌件组成的小屏。第七组，紫檀笔筒，插毛笔、小磬、裁刀、压纸，所用玉件多为清代玉器。 两件挂屏为清代所制，所嵌图案精致，又多明清玉件，是挂屏中的精品。

（张广文）

故宫博物院藏·百宝嵌挂屏（一对）

紫檀框漆心嵌玉仕女图挂屏

清·乾隆
长38厘米，宽23.5厘米

此挂屏以紫檀木为框，内镶漆心。在漆心之上再以各色玉石为材料，采用周制镶嵌技法嵌山石、芭蕉、梧桐、竹子及仕女等。仕女衣服纹理、色彩搭配巧妙，古朴而大方，仕女眉清目秀，生动至极，犹如真人一般活灵活现。此挂屏除了用百宝嵌装饰近景之外，还用描金手法描绘远景花草等。使花纹具有远近深邃的层次感。

此挂屏构图简练，布局合理，花纹靓丽，构成一幅生动活泼的动人场面。此挂屏材质珍贵，作工精美，美不胜收。从其所用木质及各种玉石来看，应出自清宫的造办处，为清宫的御用品，具有极高的艺术价值与收藏价值。

（胡德生、宗凤英）

漆框镶竹丝嵌玉人物挂屏

清

长49厘米，宽19.5厘米

此挂屏以素漆为框，内镶黑漆心，漆心四角皆以金漆描绘展开双臂翩翩起舞的蝴蝶纹，当中菱形开光，镶嵌用竹丝作榫攒出的菱形窗棂套方锦纹地。竹丝见方约两毫米，还要做榫拼成两毫米见方的空格，可见难度之高。竹丝面上粘嵌玉雕白云、芭蕉树、石头及人物。

此挂屏设计独特、新颖、别致，工艺精湛上成复杂，运用描金、镶嵌攒榫、平雕、圆雕、毛雕的等多种工艺，一丝不苟地制作花纹。花纹简洁明丽，形象逼真，生动自然，栩栩如生，具有呼之欲出的艺术效果。此类工艺的传世品极少。从此件挂屏的用料及工艺难度来看，应为当时的皇亲国戚、达官贵人的所用之物。因而具有重要的历史价值、艺术价值和收藏价值。

（胡德生、宗凤英）

紫檀木嵌象牙山水插屏

清·乾隆
长94厘米，宽31厘米，高95厘米

此插屏以紫檀木制成，底座正面的余腮板、站牙及披水牙均浮雕拐子纹和莲花纹。屏框四边饰混面双边线，另在混面上以回纹锦地开光，开光内阴刻山水纹。框内镶玻璃，四周回纹为边。屏心木胎髹黑漆，再用木雕、象牙为等为原料，镶嵌山水树木花草、楼台小桥及传说中的八仙人物。雕刻技法高超、细腻，人物形象逼真，栩栩如生。八仙故事在中国流传极广，传说八仙不畏强暴，伸张正义，为人类除害造福。历来有"八仙过海，各显其能"的成语，多作为祝寿的题材出现在各种工艺品中。

插屏上部以棕色鸡翅木雕高耸入云的大山，山间有楼台，把天庭仙境巧妙地展现出来。高山下大海之上，嵌寓喻"八仙祝寿"之意的各种姿态的八仙人物。有乘坐宝葫芦而来的汉钟离和手持荷叶的李铁拐；其后有把驴放在仙台之上，骑着大口袋漂浮而来的张果老；站在桥上的有身背宝剑的吕洞宾、手拿萧的蓝采和、肩扛寿桃的韩湘子和手拿花蓝的何仙姑；桥头为手包阴阳板的曹国舅。除此之外还间饰寓喻"长寿"之意的松树。

此插屏是以"八仙祝寿"为题材的祝寿类插屏。布局合理、紧凑，雕工复杂，画面生动，具有强烈的动感效果。用如此珍贵的象牙、宝石作镶嵌材料，装饰家具皆属宫廷所为。此插屏用如此之多的象牙镶嵌楼台人物桥梁，彰显了"皇家不惜工本，只求精益求精"的气势，具有极高的艺术价值和收藏价值。

（胡德生、宗凤英）

红木群仙人物插屏，清。插屏为紫檀木制，插座饰仿古葵纹及云纹，样式古朴，雕刻、打磨具精。插屏为方形紫檀木框，刻花纹，屏心漆灰地，表面髹漆以示天水，漆已开裂，铸为断纹。天水之中以木为山，嵌木雕岛屿，岛间有桥相连，岛上又以染色象牙雕嵌楼阁，八仙人物游于其间，或于桥上，或于阁台上，或于海水中，似渡海。作品表现的天地广阔，水天无垠，充分展示了人物的浪漫生活，是清代插屏的精品。

（张广文）

漆地嵌象牙梅鹿箱子门

清·乾隆
长67厘米，宽43厘米

此箱子门形似方形，以紫檀木为框，内镶漆，门板心四边饰绦环，四角镶象牙雕回纹岔角花。当中镶松树，上有飞翔的仙鹤，寓喻"松鹤延年"之意。右侧一成年男子扛着一大枝梅花与松树配在一起，寓喻"连科"之意，既榜上连续有名；其再与鹿组合在一起寓喻"一路连科"之意，即连中状元。左侧人物手持折枝梅花，传统观念认为梅开五瓣，象征五福与长寿，又有祝"五福长寿"之意。鹿与鹤配在一起寓喻"鹤鹿同春"之意。箱门正中有蝙蝠形垫片和花瓣式吊牌，据此说明门是一件箱体的前插门。

此箱子门设计巧妙，稳重大方，做工精细，色彩艳丽，花纹神态形象逼真而传神，富有大自然的神韵与灵感，生气十足，活灵活现，有呼之欲出的艺术效果。如此用料珍贵、做工精致的箱子门，绝非出自民间，应该出自清宫造办处名匠之手，为清宫御用之物无疑，具有很高的艺术价值和收藏价值。

（胡德生、宗凤英）

紫檀木嵌珐琅宫灯（一对）

清·乾隆
直径22 厘米，高48.5 厘米，底座直径21厘米

　　此宫灯为紫檀木制作，底座呈八角形须弥座式坐灯。面下高束腰，上下饰八达玛纹，牙条浮雕古玉纹。台座周圈安八角形围栏，当中为木雕山石承托着灯盘。灯盘圆形，周圈镶如意纹加卷草纹景泰兰挂檐，下饰串珠网形流苏，流苏下饰桃形翡翠坠。盘上安灯罩，十根立柱，三道箍圈，组成上大下小的锥形灯罩。值得一提的是，在灯罩的箍圈和立柱上皆以极细的银丝嵌成回纹。这种作法是山东潍坊特有的工艺品种，清代中期，曾有艺人在皇宫里充役贡职。此器从作工和工艺特点来看，应是清宫造办处承做的灯具之一。

　　此宫灯造型端庄，稳重大方，采用浮雕、罩金、嵌银丝、串珠等多种工艺方法装饰灯具。使此灯工艺复杂，金碧辉煌，金彩交融，雍容华贵，彰显皇家气派。此灯为宫灯中的一种，是最具艺术魅力的一种。如《明清宫廷家具的陈设与使用》中的养心殿后殿东次间正中宝座两旁的宫灯与这对宫灯形状相似。由此来看此宫灯为清宫旧藏无疑，为清代小型宫灯中的优秀代表作品，具有极高的艺术价值与收藏价值。现保存完整，并成双成对，十分难得，不减当年皇家气质。

（胡德生、宗凤英）

紫檀木金漆烛灯，烛台上部为桶式灯罩，清代宫廷多有此种样式的桶式盆景，桶外嵌玉片，桶中作万年青，表示一统万年，此灯罩外或可镶玉片，灯罩下沿饰一周掐丝珐琅花牙，上层为缠莲纹，下周为如意纹，其下又有一周小翠坠角，烛灯中部为金漆柱，底部紫檀亭基式座，座周围有栏杆，基座雕制精致，亦为宫廷器物，此烛灯为清代艺术精品。

（张广文）

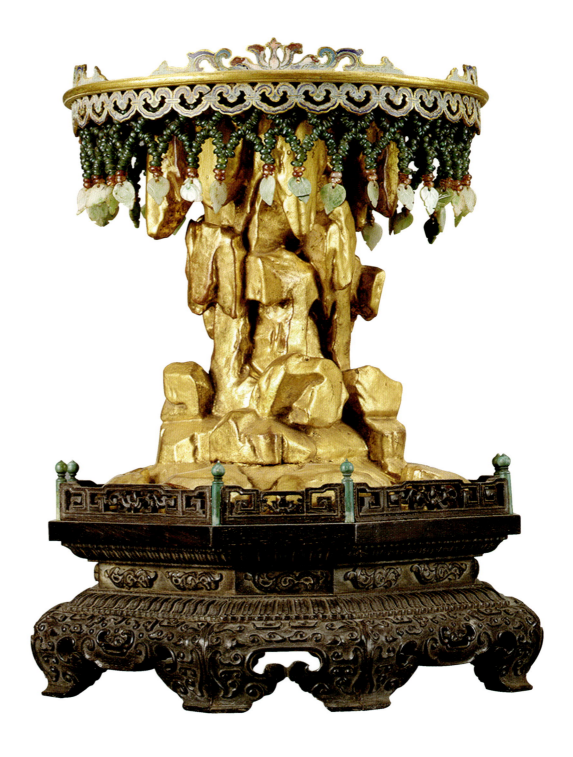

紫檀木嵌珐琅宫灯（一对）

清·乾隆

直径21厘米，高49.5厘米，底座直径22.5厘米

此宫灯为紫檀木制作，底座呈八角形须弥座式。面下高束腰，上下浮雕吧达玛纹，牙条浮雕古玉纹。台座周圈安八角形围栏，转角处按象牙雕制成的望柱。当中以木雕山石承托着灯盘。山石罩满金漆，其上点缀用寿山石制成的灵芝、用翡翠制成的石竹子以及用珊瑚制成的柏树等花草，使本来就十分华丽的宫灯又平添了几分秋色。灯盘圆形，周圈镶如意纹加卷草纹景泰兰挂檐，檐下饰琉璃珠串成的网式流苏。流苏下饰桃形水晶坠角。盘上按灯罩，由十根立柱，三道箍圈，组成上大下小的锥形灯罩。又另在灯罩的箍圈和立柱上以极细的银丝嵌成回纹。

此宫灯造型稳重大方，金彩辉映，金碧辉煌，装饰华丽至极，处处彰显着皇家雍容华贵的气派。从其作工和工艺特点来看，应出自清宫造办处名师之手。像此宫灯这样华丽，保存又如此完整，并成双成对，十属罕见，具有极高的艺术价值与收藏价值，是此类宫灯中装饰最华贵，最珍贵者。

（胡德生、宗凤英）

紫檀木瓶式立柱宫灯（一对）

清·雍正
直径23厘米，高44厘米，底座直径20厘米

此宫灯以紫檀木为骨架，该宫灯底座呈六角形须弥座式，面下高束腰，饰炮仗洞。束腰上下饰托腮，牙条与腿大拱肩，如意纹洼堂肚，云纹外翻足。台座周圈按六角形透雕围栏，转角处安象牙雕制的望柱。当中用紫檀木圆雕成宝瓶承托着灯盘。宝瓶上下各饰莲花瓣纹，灯盘圆形，周圈镶如意纹景泰兰挂檐，檐下饰琉璃珠串成的网式流苏。盘上按灯罩，由十根立柱，三道箍圈，组成上大下小的锥形灯罩。在灯罩的箍圈和立柱上皆以极细的银丝嵌成回纹。这种做法是山东潍坊特有的工艺品种。此宫灯从做工和工艺特点来看，应是清宫造办处承做的灯具之一。

此宫灯造型稳重大方，采用圆雕、嵌银丝、嵌景泰兰、料珠等多种工艺方法装饰灯具。使此灯装饰华丽，处处彰显皇家雍容华贵的气派，是宫灯中最具艺术魅力的一种，具有极高的艺术价值与收藏价值。且保存完整，成双成对，十分难得，是小型灯具中的收藏极品。

（胡德生、宗凤英）

紫檀嵌玉鸳鸯纹小插屏

清·乾隆
长13.5厘米，宽10.5厘米，高27.5厘米

　　此件小插屏为紫檀木制成，屏座为"H"形高束腰须弥座式。两端浮雕寓喻"长寿"之意的长寿字纹饰。当中及侧面浮雕缠枝莲纹，又组成寓喻"连长寿"之意的吉祥图案。座上两侧立瓶式立柱，系一块整料做成。瓶口部雕回纹，拱肩浮雕覆莲瓣纹，瓶腹部雕古玉纹及如意纹。两立柱间用余塞板相连。绦环板内浮雕仙鹤、山石及松树、花草纹。寓意"松鹤延年"。有祝颂长寿之意。屏框前后两面起线，当中起地浮雕蝙蝠、套环、朵梅及绳纹绦结，皆用绳纹连接，组成寓喻"福寿双全"之意的边饰。屏心内又以高浮雕技法雕盛开的荷花纹及泛起微波的海水纹，正中用和阗白玉镶嵌成一对洁白无暇的鸳鸯正在亲密地接吻。

　　鸳鸯是雌雄偶居不离的匹鸟，多用来比喻恩爱夫妻形影不离，白头谐老。背面屏框雕古玉纹。

　　屏心阴刻乾隆御题诗："一块玉石子，玉水产和阗。囫囵受土浸，盖几千百年。玢璘含绛草，讵同出幽堭。欲以全其真，弗肯付雕镌。洁矩为政方，胥应任天然。"末为"乾隆御题"与"乾""隆"二章。

　　此插屏构图巧妙新颖，稳重大方，雕工娴熟，花纹内涵丰富，寓喻吉祥，具有乾隆时期雕工与花纹的特点及风格，从其用料、雕工和御制诗来看，为清宫御用之物无疑，具有极高的艺术价值及收藏价值，是件极少见的收藏极品。如《故宫收藏·镶嵌家具》一书中收录的清中期的"紫檀边座嵌青玉菜叶插屏"与"春善堂"收藏的"紫檀嵌玉鸳鸯纹小插屏"的雕刻花纹和镶嵌花纹虽然不同，但其用料、造型、工艺相同，可以相媲美。

（胡德生、宗凤英）

故宫博物院藏·紫檀嵌玉菜叶插屏

紫檀木嵌百宝童子嬉戏图插屏

清·道光三年

长41厘米，宽16厘米，高58厘米

　　此件插屏通体为紫檀木制作，两面工。屏座及披水牙浅浮雕古玉纹。披水牙正中垂洼堂肚，屏座正中的余塞板两面浮雕绦环，当中饰图案化的朵云纹。两侧立柱采用圆雕工艺饰螭头纹。屏框立式长方形，里外起线，中间作出起鼓的弧形面，木工术语称之为"混面双边线"。屏心前后两面满浮雕斜万字锦纹地。在斜万字锦纹地上，又以周制镶嵌法装饰图案和文字。插屏正面用青玉、碧玉、墨玉、青金石、彩石、螺钿、珊瑚等珍贵材料嵌寓喻"洪福齐天"之意的五色云、太阳及蝙蝠；寓喻"荣华长寿多子"之意的榕树、松树、太湖石及正在玩耍的儿童等。为了活跃画面，以一个童子被蒙上双眼，展开双臂伸着两手作捉人的姿势，有的童子藏其身后，有的童子藏在大石头后面，有的童子在其左右作躲闪的姿态以防被捉，正在玩捉迷藏游戏。以6个童子玩捉迷藏游戏，来表现多子之意。

　　插屏的背面亦以浮雕斜万字锦纹为地。在斜万字锦纹地上以周制镶嵌法用金色螺钿嵌御制诗。末署"癸未新正御题"。无印章。按"癸未"除乾隆二十五年外，下一个癸未即为道光三年，从字体风格看与道光帝字体风格极为相似。故此插屏应为清代道光初年作品。"癸未"为公元1823年。

　　此插屏设计新颖别致，布局合理，稳重大方，场面简洁热闹而欢快，花纹形象而生动，富有大自然神韵与活力，犹如天造地设一般活灵活现，生机盎然。从此插屏的用料到工艺水平和御制诗等方面来看，应为清宫造办处所制造的御用品无疑，具有极高的艺术价值及收藏价值。

（胡德生、宗凤英）

紫檀木镶嵌小插屏（一对）

清·乾隆
长39厘米，宽10.5厘米，高38.5厘米

此件小插屏为一对，均以紫檀木为框架。底座采用卷舒几式，上按立柱，回纹卷头，前后两侧按站牙，里外两面铲地浮雕夔龙纹。两立柱中间按托带，下镶拐子纹余腮板。造型稳重大方，雕刻圆润精美。屏心紫檀为框，内中以翡翠、码脑、象牙、鸡翅木等珍贵材料镶嵌成山水亭阁风景图。画面中以翡翠、码脑及鸡翅木镶嵌成山石，以象牙雕刻镶嵌亭台、花草、树木及彩云。并衬以天蓝色漆地，致使所雕江南水乡既形象又逼真，犹如天造地设一般自然生动活泼，形色神俱佳，具有大自然的神韵与朝气。花纹自然真实，具有鬼斧神工之魅力。以刀凿代笔，以各色宝石、象牙、鸂鶒木等象形色珍贵材料代替染料，再现了江南水乡的自然之美。插屏背面为黑漆地，以泥金画漆手法绘制山水风景图。画面中远山近水，亭台拱桥，掩映在树阴之间。加之黑漆地与金色花纹的强列反差，使图案更加金碧辉煌，雍容华贵，醒目而活灵活现。

此插屏图案设计巧妙，布局严谨，富有层次感，色彩搭配合理，表现出艺人高超的艺术才能。插屏做景多为单面，比较讲究的做成双面。此插屏不仅做景为双面，而且两面手法截然不同，又制作如此精堪，无疑应

出自清宫御用作坊工匠之手。更为难得的是此插屏成堂成对，完整无缺，具有极高的艺术价值和收藏价值。如《故宫博物院藏文物珍品大系·竹木牙角雕刻》卷中收录的"瘿鹕木象牙雕安居图插屏"的形制、用料与本书中的"紫檀木镶嵌小插屏"基本相同，只是花纹略有不同而已。其艺术价值可与"瘿鹕木象牙雕安居图插屏"相媲美，只有过之而无不及，是件稀世珍品。

（胡德生、宗凤英）

紫檀百纳镶面心长桌

清·雍正—乾隆
长81厘米，宽42厘米，高84厘米

此件长桌为紫檀木制成，桌面攒框镶寓喻"万字不到头"之意的斜万字纹心，冰盘沿下高束腰，浮雕拐子纹。束腰下装托腮，直牙条正中有如意式洼堂肚，并浮雕拐子纹。四角直腿回纹足，在腿与牙条的拐角处，另装透雕夔龙纹托角牙。

此长桌作工细致入微，一丝不苟，花纹形象生动，栩栩如生，具有大自然的活力与朝气，令人百看不厌，爱不释手。尤其是桌面采用百纳镶技法，用紫檀木和黄花梨木两种色彩深浅不同的小木块拼接而成"斜万字"锦纹面。百纳镶工艺制作复杂难成，要求镶嵌的技术特别高，要求挖槽深浅宽窄要适度，镶嵌出的花纹才严丝合缝。这类百纳镶家具故宫藏有几案、长桌等。此件百纳镶长桌，花纹极规整，与故宫藏的几案、长桌工艺丝毫不差。如《故宫收藏·镶嵌家具》一书中收录的清早期的"黄花黎嵌螺钿夔龙纹炕案"的花纹虽不相同，但百纳工艺一样，因此这件长桌具有很高的艺术价值和收藏价值。

（胡德生、宗凤英）

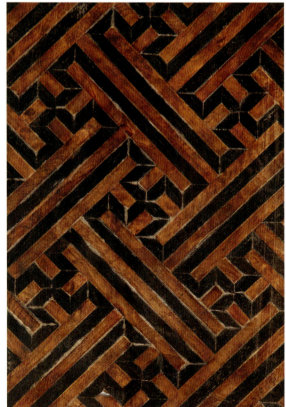

故宫博物院藏夔龙纹炕桌

紫檀木嵌黄杨雕花长方盘

清·乾隆
长29厘米，宽22厘米，高3厘米

　　此盘体呈长方形，通体以紫檀木制成，系文人墨客或画家书斋案头必备之物。此盘多用于盛放一些当日零散的文书，或盛放一些案头杂物，如小刀、摄子、尺子等之类物品。俗称"都承盘"。意即什么东西都可以放进去。盘体前后左右四面立墙各镶嵌一块黄杨木条，左右黄杨木条上雕寓喻"大丰收"之意的松鼠偷葡萄纹饰；前后的黄杨木条上雕五个蝙蝠，中间的蝙蝠口衔团寿字，蝙蝠间并饰有月季，寓喻"五福捧寿"或"福寿长春"之意。其利用两种木头深浅颜色的不同，来显花和地子，采用透雕工艺雕花纹，使花纹更加突出，更具有立体感，使花纹玲珑剔透，更生动，更富有活力。

　　此盘用材讲究，雕工极细，尤其是四墙镶嵌的透雕花板，打破了紫檀木一片漆黑的沉闷气氛，给此盘增添了灵动和活力。也给书房画室带来无穷的文气和雅趣。如此精致的盘非皇家莫属，应为清宫造办处制作的御用品，具有极高的艺术价值和收藏价值。

（胡德生、宗凤英）

紫檀木雕福庆纹麾帽（一对）

清·乾隆
长37.5厘米，宽20厘米

此对麾帽为紫檀木制成，形似如意头，上有铁勾，两面周圈皆浮雕拐子纹，当中浮雕拐子纹开光，开光内皆雕刻寓喻"连庆多福"之意的莲花、蝙蝠和磬纹；开光外上方浮雕莲花纹，左右及下方浮雕祥云及方胜纹，又巧妙地组成寓喻"连庆福方胜"之意。其中一面的蝙蝠、磬及方胜纹是以黄杨木镶嵌而成，使主体花纹更加突出，更加醒目，使花纹有深有浅，更富有层次感。背面图案与正面相同，所不同者为蝙蝠、磬纹及方胜纹系紫檀木雕成，而非镶嵌而成。可惜的是麾身的织绣品长联已无，尽管如此，我们从其雕刻风格和艺术水平仍能判断出它是清代乾隆时期清宫旧藏。为清代乾隆时期雕刻水平最高的代表作品之一，具有很高的艺术价值、历史价值和收藏价值。

麾是皇家乐队指挥奏乐的用具。皇家乐曲有"中和韶乐"、"丹陛大乐"、"丹陛清乐"、"雅乐"等多种乐曲。根据不同的活动，如祭天、祭地、祭孔或各种喜庆节日，演奏不同的乐曲。麾起则乐起，麾落则乐止。麾的形制为两面雕刻花纹，下沿镶用丝绸或帛刺绣龙纹或云纹的条幅，为防止条幅随风飘舞，条幅下还有麾坠。为一长方形木条，两面雕刻花纹，花纹与麾帽大体相同。使用时有专人持长杆，杆头有环，麾头上有勾，挂在杆头之上。不用时则将麾杆插进特制的麾座中。

故宫博物院收藏有同类器物，长175厘米，低座和麾杆均髹金漆，麾帽如意云头形，两面浮雕双龙戏珠纹。麾的上部饰北斗星及三星图，间布云纹，下部饰海水江崖，海水江崖上饰云纹及龙纹。麾下部镶木坠浮雕海水江崖，外罩金漆。如《清宫生活图典》中和韶乐指挥器—麾的麾帽形状与此麾帽一模一样，此对麾帽应为清宫中用来指挥乐队奏乐的工具无疑。

（胡德生、宗凤英）

参见《清宫生活图典》

镶嵌家具

二　彩绘家具

紫檀木雕云蝠描金山水楼阁人物花草柜格

清·雍正至乾隆

深40厘米，宽94厘米，高197.5 厘米

　　此四件柜格皆以紫檀木制成，为下柜上格。一器组合，即称柜格，明清家具存储用具的一个特定品种。明式柜格的上格部分多为一层或两层屉板，屉板下装壸门牙条。进入清代，开始出现高低错落的形式。为清代特有的家具新品种。此柜格属漆工与木工跨行业结合的实例之一。柜身以紫檀木为骨架，架格洞口镶透雕寓喻"洪福齐天"之意的流云及在云中展翅飞舞的蝙蝠纹花牙，抽屉脸及柜门均以满布式浮雕流云及蝙蝠纹作装饰。架格背板、屉板、立墙和柜门内的屉板、后背板全部采取髹漆描金彩绘山水风景图和各式折枝花卉纹。描金工序是用清漆调金箔成糊状，以金糊为彩料，用毛笔蘸金糊在漆地上直接做画。这就要求艺人的绘画功底非常深厚，必须一笔呵成。要画得精彩，十分不易，它虽出自匠艺人之手，但它绝不亚于一幅名画。线条流利顺畅，高低错落有致，再现了江南山水之乡的美丽风景，使其历历在目，美不胜收。在观赏一件艺术品时，只要认真品味一下，就不难领略它的高超的艺术水准。

　　为了增强福和寿的吉祥含义，在满布式浮雕流云及蝙蝠纹的柜门中央，又雕蝙蝠和带子系着的团寿字纹。在本来就十分吉祥的"洪福齐天"之上又增添了寓喻"福寿万代双全"之意，使花纹更加祥和。此件柜格雕工精湛，线条优美而滑润，花纹突出，具有很强的立体效果和装饰效果。此件柜格不论描工还是雕工皆为一流水平，与故宫精品系列《明清家具》下卷中收录的雍正"填漆戗金山水博古格"工艺水平丝毫不差，应为清宫之物无疑。加之此件柜格既完整又成堂成对，共四件为一套，非常可贵。具有极高的艺术价值与收藏价值，是非常难得的收藏极品。

（胡德生、宗凤英）

故宫博物院藏 描金柜格

紫檀家具精粹

082

彩绘家具

彩漆描金提箱

清·乾隆
长30厘米，宽19.5厘米，高31.5厘米

此提箱为长方形，上有提梁，提梁上饰描金菊花。正面对开两门，装素面铜饰件。门内安大小抽屉六个，为上二下一中间三。中层右侧另设一小厨，用门启闭。此提箱布局合理，使用方便。通体黑漆地，正面对开两门，门上用金描绘寓喻"松鹤延年"之意的松树和昂首、曲项高歌的仙鹤。两侧面菱形开光，四角为描金折枝莲花纹，开光内为描金折枝菊花蝴蝶纹，寓喻"蜨报长寿"。箱子的正反两面四框饰皮球花。箱体正面镶铜质素面叶及合页，四角镶铜包角。从装饰风格及铜饰件看，应为清代中期的制品。具有很高的历史价值。

用金漆作装饰的器物在清代以前为帝王所专用，据此判断此提箱应为清代宫中造办处所造的御用之物，具有极高的艺术价值和收藏价值。如《故宫收藏·彩绘家具》一书中收录的清中期"黑漆描金缠枝莲纹提匣"虽花纹、形状与此提箱不同，但"黑漆描金缠枝莲纹提匣"与此提箱的正反两面四框纹饰相同，皆为皮球花。其同属一个时代之物无疑。

（胡德生、宗凤英）

故宫博物院藏 描金提盒

描金龙纹长方盒

清·康熙
长28.5厘米，宽22厘米，高4.5厘米

　　此漆盒长方形，木胎髹漆再施描金。盒盖呈天覆地式，盒底四周有垛边一圈，用于咬住盒盖。盒面紫漆地，以填彩漆工艺雕出云、升龙纹两条，再填以红漆，待干固之后在再升龙纹之上用金糊描绘出龙麟、毛发等，使龙更加形象逼真，生动活泼，具有活力。两条张牙舞爪的龙正在曲着身舞动着四腿，争夺着一颗宝珠。云纹也是用红漆雕填，填后用黑漆勾边，盒面正中两龙间为填漆描金边隶书"御题棉花图"五个大字，此漆盒原是存放皇帝御笔书画的画盒。从龙纹云纹的风格和漆面断纹特点看，其具有清代早期的特点与风格。

　　此漆盒构图丰满，布局合理，工艺复杂，采取了填漆、描金两大工艺制作花纹。花纹简洁明快，栩栩如生，形态俱佳，犹如真的一般活灵活现，具有大自然的神韵之灵感，具有呼之欲出的强烈的动感效应。此漆盒从其填漆描金边隶书"御题棉花图"五个大字来看，是当时宫中"造办处"为存放康熙皇帝的御笔"御题棉花图"而专门制作的。更加可贵的是此漆盒至今保存完好无缺，是件十分难得的艺术珍品，具有极高的艺术价值和收藏价值。例如《北京保利·第十四期精品拍卖会》一书中收录的清早期的"黑漆描金云龙纹"紫阳图"御墨方盒"与此描金龙纹长方盒除了上面所刻的字不同及龙的爪不同之外余皆相同，"紫阳图"御墨方盒上为四爪蟒纹，而"御题棉花图"长方盒上为五爪龙纹，所用人的身份级别要比"紫阳图"御墨方盒级别高。

（胡德生、宗凤英）

紫檀木镶玻璃画灯罩（一对）

清·乾隆
长19.5厘米，宽18厘米，高46厘米

　　此灯罩为直立式四方形，以紫檀木为
框架，四面镶素玻璃心，在素玻璃之上又
以彩绘的手法彩绘著名的《水浒传》等历
史人物故事和诗句。下侧腿间安寓喻"子
孙万代"之意的葫芦和枝蔓纹花牙。玻璃
油画是清代初期由西洋传进的一种工艺，
异常名贵，至清代中期以后，才引进西洋
的玻璃制造技术，在广州建厂，所制玻璃
全部供应皇宫。直至清末，民间使用极
少。玻璃画工艺是在玻璃上用油彩做画，
所不同者是背面画画，正面看景。画画
时，将玻璃立在面前，用毛笔蘸上颜色，
将手绕至玻璃后面去画。正常画画是先画
远景，后画近景，用近景压远景，而玻璃
画则用远景压近景。比如：画人的眼睛，
正常画法是先画脸，再画眼框，最后点眼
珠。而玻璃画则先画眼珠，再画眼框，最
后画脸。而且是正面看着，把手绕至玻璃
后面去画。无形中增加了许多难度。这就
是玻璃画十分少见的原故。因此这对玻璃
画灯罩具有极高的艺术价值和收藏价值。

　　此灯罩，工艺特殊复杂难成，作品极为
少见，只在皇亲国戚中流行，民间几乎没有。
像工艺如此精良的灯罩，也只有皇家才有。
其生动传神的画稿，应出自清宫如意馆画家
之手，为宫廷之物无疑。

（胡德生、宗凤英）

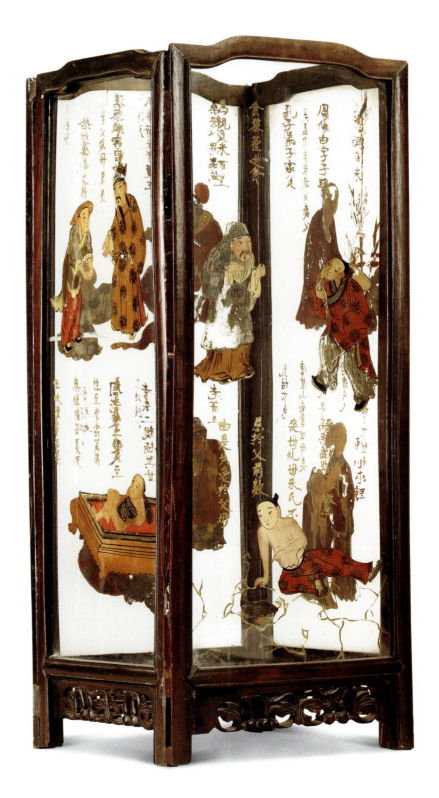

黑漆识文描金山水人物翘头案

清·乾隆
长181厘米，宽50.5厘米，高90.5厘米

　　此黑漆识文描金翘头案，面下长牙条，腿两侧饰卷云纹牙头。四腿侧角收分明显可见，有明式家具的风格及特点。案面四周以绣球锦纹开光，开光内描金各种折枝花卉纹，共十六组。长边前后各六组，短边各两组。案面当中以识文描金技法描绘山水楼阁人物风景图，图中树木山石花卉、小桥流水、人物，线条优美、宛转自然天成，形象逼真而传神，如天造地设一般自然具有活力，构成一幅风和日丽、万籁祥和的太平景象。此黑漆识文描金山水人物翘头案的独到之处在于此案的描金方法，不同于一般的描金方法，其采用的是"识文描金加彩金相"的工艺手法绘制而成。识文描金也是用清漆调制金箔，但其金调制的要比一般的描金漆稠一些。用"识文描金加彩金相"的工艺绘制花纹，有两种方法，其一是用浮雕的方法雕阳文花，之后用毛笔蘸金漆在阳文花纹上涂一层金漆，使浮雕的阳文花变成金花。另一种方法是用毛笔蘸较稠的金漆在漆地上直接描绘花纹，为了使花纹更具有立体效果，要反复描两三次。所以描绘出的金色花纹皆略高于漆地表面。故使花纹隆起凸出，极具立体效应。彩金相的做法是在花纹的部位多上几遍金漆，使花纹部分略高于漆地。然后打金胶，等到金胶七八成干时，再将金箔粘上去，待金箔干固后，再用毛笔蘸黑漆勾画出纹理，形成生动形象的各式画面。

　　从画面金漆色彩看，金色有深有浅，有明有暗，说明用的金不是一种。金箔有三种，"库金、大赤金、苏大赤"三种，三种金中以库金最为有名。匠师们利用不同色彩的金随类赋彩，明暗有致，达到出神入化的艺术境界。体现了清代乾隆时期的最高艺术水平。加之大面积地用金装饰家具，在帝王时代也不多见，非帝王之家不能使用。此案周身布满蛇腹断纹，同样体现了清代乾隆时期的特征。据此推断此翘头案应为清代皇家御用之物。应是清宫造办处制作，具有极高的极高的艺术价值和收藏价值。如《故宫收藏·镶嵌家具》一书中收录的清早期"黑漆嵌螺钿翘头案"虽与春善堂收藏的"黑漆识文描金山水人物翘头案"制作花纹的材质、工艺等不同，但其形制相同。其精致程度均无以言比，是世间极少有的收藏极品。

（胡德生、宗凤英）

彩绘家具

故宫博物院藏 黑漆嵌螺钿翘头案

三　　雕刻家具

紫檀木雕夔龙纹榻

清·雍正至乾隆
长190 厘米，宽121厘米，高49厘米

此榻又称罗汉床，形体比卧具床稍略小些，再小者称独坐，即宝座。此罗汉床通体以紫檀木制作，床面落堂镶板，面下高束腰，以矮佬界分出五格，每格以起地打洼手法雕拐子纹。束腰下饰莲花瓣托腮，直牙条，正中浮雕饕餮纹，两侧浮雕夔龙纹，拱肩直腿内翻马蹄。面上三面装五屏风式坐围，分别以走马销连接，可拆装分解。后背三段，攒框镶心，正中那块起地浮雕两两相对的夔龙纹两条。后背左右和两侧扶手取同样作法，板心里外两面皆起地浮雕夔龙纹各一条。此榻用料考究，作工精细，雕刻图案生动活勃，形神具备，充满大自然活力。

此榻造型美观、大方，雕刻技艺熟练，线条优美宛转自如，运刀凿如运笔，达到炉火纯青的地步，为清代中期家具艺术的最高水平的代表作品。更加可贵的是，此榻距今已近300年之久，还保存得完好如初，十分不易，并附以与其相配的脚踏。尤其是此榻的用料十分珍贵，非皇家无人用得起也无人敢用，所以此榻应为皇宫中的用品。具有极高的历史价值、艺术价值与收藏价值。例如《中国古代家具拍卖图鉴》一书中收录的清代"紫檀昼床"造型、花纹与此榻基本相同，此紫檀昼床早在1992年就以HK$770,000高价成交。

（胡德生、宗凤英）

参见《中国古代家具拍卖图鉴》

紫檀木雕螭纹宝座

清·雍正至乾隆
长103厘米，宽70 厘米，高120厘米

　　此宝座通体以紫檀木制成，坐面椭圆形，正面作出三弧相连，面下有束腰，下承托腮，牙条取鼓腿澎牙式，正中雕如意头式洼堂肚。四腿为展腿式，下端外翻如意云头式足，落在环形托泥之上。坐面之上随座沿装环形坐围，由三块组成，每块之间用走马销连接。后背正中最高，两侧递减。每块坐围里外两面起地浮雕螭龙纹，螭龙纹皆为两两相对，正中雕用彩带系着的玉璧纹，寓喻"双螭拱璧"之意。此宝座雕工精细，线条宛转自如而圆润，花纹灵活生动，简洁大方，形态优美，具有大自然的神韵之美。

　　此宝座造型独特，设计新颖。与故宫、颐和园收藏的类似宝座对比，其造型、风格如出一辙，为清宫旧藏的御用品无疑。例如《明清宫廷家具》中收录的养心殿后殿东次间正中的宝座与这件宝座一摸一样，勘称清代家具的优秀代表作品。这类造型的宝座极为少见，是研究清代家具宝贵的实物资料，具有极高的研究价值、艺术价值及收藏价值。

（胡德生、宗凤英）

故宫养心殿宝座

首都博物馆藏 紫檀宝座

金漆雕云龙纹交椅

清、乾隆
长107厘米，宽103.5厘米，高120厘米

此交椅系以五棱形木拼接而成的高低弯曲的椅圈，外罩红色漆。扶手处圆雕龙首纹，外罩金漆，由五棱形木拼接而成的高低弯曲的椅圈与金色龙首相连，酷似两条蜿蜒曲折的龙在舞动。背板正面浮雕《苍龙教子图》，一条五爪大龙在上，一条五爪小龙在下，两龙间饰海水及流云，犹如大龙在教小龙如何入海，如何升天。两龙腾飞在云海之上，生动至极。背板背面罩一层红素漆，背板两侧饰流云纹牙条板，牙条板前后两面雕刻，并满髹金漆。麻绳编结座面，前沿两端圆雕龙头，并罩金漆。前后两腿交叉，交接点做轴。并镶以透雕罩金漆螭凤纹花牙。红素漆托泥。

像这样的金漆交椅，故宫一共有四件，这四件交椅的造型、纹饰、工艺手法及风格特点完全相同，只是交椅的颜色大小不同而已，红色有两件，黑色有两件，都是雍正时期作品。此件交椅与雍正时期的交椅相比，唯有一点不同，即交椅的背板背面雍正时期的雕有"五岳真行图"而乾隆时期的则不雕"五岳真行图"。这是因为雍正皇帝信奉道教，最终因吃了道士所炼的"长生不老丹"中毒身亡。乾隆皇帝登基后，非常忌恨道士，将宫内道士全部赶出宫外，所以，乾隆皇帝在仿制雍正时期交椅时，交椅的背板背面去掉了"五岳真行图"。这是乾隆朝与雍正朝交椅的最大区别之一。从这件红色金漆交椅的背板背面看，应是乾隆时期制品。

交椅在古代俗称"胡床"，自宋代始称"太师椅或交椅"。其源于北方游牧民族的马扎，后逐渐发展成为皇帝出行时的仪仗交椅。交椅因能折叠，故交椅具有携带方便的优点，因此主要成为清代历朝皇帝室外或出巡或祭祀等活动时的坐具。如《雪景行乐图》中乾隆皇帝坐的就是一把黑色金漆交椅，乾隆皇帝在《雪景行乐图》中坐的那把黑色金漆交椅，与此金漆交椅除了交椅的颜色不同之外，其余皆同。此交椅设计巧妙合理，造型优美靓丽、高雅稳重而大方，做工精湛，为皇帝的坐具之一，具有极高的艺术价值和收藏价值。此红色金漆交椅与《故宫收藏·彩绘家具》一书中收录的清中期的"金漆云龙纹交椅"在形制、用料、花纹等方面完全相同，唯尺寸略有误差。按《大清会典》的规定，此红色金漆交椅是清宫造办处专为乾隆皇帝制作的交椅，可谓稀世珍宝。

（胡德生、宗凤英）

故宫博物院藏交椅

紫檀木圈椅

明末清初
长54厘米，宽62厘米，高124厘米

　　此圈椅以紫檀木制作而成，形体较大，坐面亦较高。四腿与四角的立柱一木贯通，面下装罗锅枨，单矮佬，正下中镶螭纹卡子花。椅下另装可以抽拉的脚踏，正面腿间有横枨，面下用凵字形棍枨与下枨相连。面上后沿正中安曲线形椅背，横枨下装壸门小牙条，椅背搭脑向后卷舒，框中镶木条，坐面落堂作，面心亦以木条镶成。椅圈自背框两侧通过后边柱及联邦棍与前角柱软圆角相连，给人以圆润柔顺之感。整体造型稳重大气，高雅而古樸，充分展现了明式家具的气质和风度。可谓形神俱现，无与伦比。

　　此圈椅结构复杂，造型优美，落落大方，花纹简洁，具有明式家具明快素雅的特点。

　　此圈椅的造型较为少见，既端庄又高雅，具有一种霸气。

　　因紫檀木的缺乏，使之更加珍贵。在明清之际，为帝王所专用。像此圈椅用料如此大气，应为皇家所拥有，为清宫遗物无疑，具有极高的艺术价值和收藏价值。

（胡德生、宗凤英）

紫檀木雕双喜字扶手椅

清·乾隆
长59厘米，宽44厘米，高97厘米

此扶手椅以紫檀木制成。椅面下有束腰，牙条下垂洼堂肚。直腿内翻马蹄，四面平管脚枨。面上装靠背扶手，以小段木材攒成拐子纹，背板透雕寓喻"福寿双喜"之意的蝙蝠纹、寿桃纹及双喜字纹，并做出打洼线条。由于材质优良，磨工细致入微，使家具表面莹滑如玉，以手拂之，如婴儿肌肤一般柔和、细润。

从此扶手椅的用料、雕工来看，应为皇家用品，具有极高的艺术价值和收藏价值。

（胡德生、宗凤英）

紫檀木雕竹节纹长桌

清·乾隆
长137厘米，宽61厘米，高83厘米

此长桌以紫檀木制成，面下不用束腰，而用罗锅枨加双矮佬的作法与腿和横枨相连。造型美观、稳重、大方，具有明式风格与特点，而面沿、腿、枨各部浮雕的竹节纹又是清代中期广为流行的纹样。另外，在桌子四角均装饰铜质錾花镀金包角。这也是清代中期的时尚。

此长桌花纹设计简练、明快、别致，雕刻技术娴熟老练，线条优美，宛转自如而圆润，具有很强的立体效果，花纹形象生动，栩栩如生。家具上用金、银、铜、铁包角和足，按清·鄂尔泰、张廷玉编纂的《国朝宫史》记载：始于清乾隆时期，包角的质地是身份与地位的象征，比如皇太后"金云包角桌二"。皇贵妃"鋄金铁云包角桌一"。嫔"鋄银铁云包角桌一"。此长桌按其包角来看，应属宫中之物无疑，具有很高的艺术价值和收藏价值。

（胡德生、宗凤英）

紫檀木写字台

清
长144厘米，宽67.5厘米，高83厘米

　　此写字台为紫檀木制成，由台面和两个几座组合而成。台面下平设四个抽屉，抽屉脸浮雕绦环及夔龙纹，并镶安铜质景泰兰拉手。台面两侧的绦环板亦浮雕夔龙纹。面下的几座，取两格一屉的作法，上下为格，四面透空，镶浮雕夔龙纹的圈口牙条。中间安抽屉。作法与台面抽屉相同。

　　此写字台造型优美、大气，为写字台中的精品之作。做工严谨，设计科学合理，雕工熟练，花纹优美，线条滑润流利突出，具有很强立体效应，加之用铜质景泰兰做拉手，使此写字台更加靓丽美观。使实用性很强的写字台，在实用的同时，又成为一件爽心悦目的艺术品。嵌景泰兰家具在故宫收藏的家具中也有一些，比如《故宫收藏·镶嵌家具》一书中收录的清中期"紫檀嵌景泰兰炕几"就是其中的一件。写字台是清代晚期受西方文化影响才出现的一种新型家具品种。它的出现，使家具的实用性提高了一大步。此写字台用料珍贵，做工精致，保存完整，应为清代王府中的用品。属宫廷家具的一部分。具有较高艺术价值与收藏价值。如《清代家具》一书中收录的清晚期"鸂鶒木架案式书桌"与此写字台除木质不同之外，其形式上则大同小异，从其特点及风格上可以证明此写字台为清代宫中之物无疑。

（胡德生、宗凤英）

参见《清代家具》

紫檀木雕花圆角立柜（一对）

清·雍正—乾隆
长79.5厘米，宽39厘米，高131厘米

　　此件小柜为一对，通体用紫檀木制作，造形结构仿明式。柜身四立柱的外角打圆，有明显的侧角收分。这种柜形俗称圆角柜。正面对开两门，中间安活插栓。两门板心沿边框起绦环线，绦环内又套雕三组小绦环。上部铲地浮雕螭纹各一条。中部铲地浮雕寓喻"喜鹊登梅"或"喜报春光"或"喜上眉梢"之意的梅花和喜鹊纹饰。下部铲地浮雕象征吉祥、太平的四灵之一的凤纹及灵芝纹，寓喻"吉祥长寿"之意。柜身两侧铲地浮雕松、竹、山石、藤萝，寓喻"松竹祝寿"之意。柜背及柜顶披灰砸麻。柜里用老版线装书裱糊，从造形及雕刻手法看，应为清代雍正至乾隆时期的制品。

　　此件小柜造型优美，古朴、大方，雕工娴熟纯正，线条优美，花纹突出，生动活泼，立体感很强，充满大自然的活力。此件小柜用料如此珍贵，雕工如此精美，应出自清宫造办处工匠之手，为宫中御用之物。具有极高的艺术价值和收藏价值。

（胡德生、宗凤英）

紫檀木雕螭寿字纹柜格（一对）

清·雍正—乾隆早期
长72.5厘米，宽30厘米，高 117.5厘米

　　此柜格以紫檀木制成，为上格下柜式，中间安抽屉，左右各一个。上分四格，屉板高低错落，正面及左右开敞，可陈放古董四件。中部安抽屉，浮雕拐子纹及螭纹。下部为小柜，对开两门四角雕角花，正中雕圆寿字，圆寿字周围以双螭纹环抱，寓喻"双螭捧寿"之意。起鼓式铜合叶。雕刻技法纯熟，造型比例匀称，从螭纹的复杂程度看，应为清代雍正或乾隆早期的作品。

　　此柜格造型优雅、稳重大方，花纹简洁明快，花地分明，线条宛转自然圆润，花纹突出，具有很强的立体效果。雕工娴熟老练，非出自民间工匠之手。从其雕工之熟练，工艺之精湛程度来看，非皇家之莫属。更加难得的是，其成双成对，没有缺憾。具有极高的艺术价值和收藏价值。

（胡德生、宗凤英）

紫檀木雕云龙纹长方匣

清·乾隆
长21.5厘米，宽15 厘米，高15厘米

　　该匣以紫檀木制成，为长方形，结构为天覆地式。套盖顶面及四面立墙以阴刻手法雕回纹圈边，当中以高浮雕技法雕寓喻"江山万代"之意的海水江崖纹及象征皇权的龙纹。盒盖正中镶和白玉标签，并阴刻描金"人徵毫念之宝记"字签。底座为须弥座式，面上以紫檀木镶心，四角作矩形垛边，用于卡住套盖。座面下有束腰，上下加八达玛纹。皇宫中此类木匣甚多，常用于存放玉牒玉册等物品。

　　此匣做工考究，雕刻技术极高，真可谓雕工精湛，一丝不苟，雕工复杂，花纹繁缛，繁而不乱，花纹生动灵活，形态逼真，线条优美顺畅，有呼之欲出艺术效果，在同类器物中，属出类拔萃的上乘精品。此匣用料之贵，为木中之王，雕工之精湛，非皇家莫属，具有很高的艺术价值与收藏价值。例如《中国古典家具价值汇考》一书中收录的清、乾隆"雕海水云龙纹御笔白塔山五记紫檀盒"用料、造型、花纹与此长方匣基本相同，此清乾隆"雕海水云龙纹御笔白塔山五记紫檀盒"早在1997年就以HK\$287,500的高价成交。并且此清乾隆"雕海水云龙纹御笔白塔山五记紫檀盒"的龙为四爪，应为蟒纹；而此匣为五爪，应为龙纹，使用人的等级要比"雕海水云龙纹御笔白塔山五记紫檀盒"高得多。

（胡德生、宗凤英）

参见《中国古典家具价值汇考》

紫檀木雕缠枝莲纹方盒（一对）

清·雍正—乾隆早期
长34厘米，宽31厘米，高14厘米

　　此方盒通体以紫檀木制作，盒底下带四足，四周有壶门式牙条。籽口接缝处上下起线，盖面与立墙的转角处打成软圆角，面上四边起委角绦环线，这些做法都具有明式风格及特点。唯盖面上以浮雕技艺雕缠枝莲花纹，带有明显的清代中期的痕迹。盒面正中雕硕大的莲花，然后每边各雕两大两小四朵莲花，中间用枝叶连接。而这种卷枝叶的莲花纹，又带有明显的西洋风味，又称"西番莲"，是从欧美等西方国家传进来的。从雕刻风格看采用的是铲地浮雕，这种满布式几乎不露地子的做法雕刻的难度非常大，这种满布式几乎看不到衬地的雕刻方法在清代乾隆时期以后很少使用。

　　此方盒材质珍贵，做工精细，造型古朴大方，雕刻技法娴熟老成，线条流利、圆润、宛转自如天成，磨工细致恰到好处，从而使花纹生动形象无比，具有大自然的神韵与活力，犹如天生一般活灵活现生机益然，令人百看不厌，其雕刻水平已经达到"鬼斧神工"的极致地步。从其雕刻水平来看，此方盒应出自清宫造办处名师之手，为皇家的御用之物无疑。是一件极为难得艺术极品，具有极高的艺术价值和收藏价值。

（胡德生、宗凤英）

紫檀木雕螭纹长方形匣（一对）

清·乾隆
长50厘米，宽23厘米，高18厘米

　　此木匣为紫檀木制成，长方形，天覆地式，套盖上面双线圈边，左右两边中间浮雕寓喻"福寿"之意的蝙蝠与朵菊纹，上下两边中间为浮雕拐子纹和朵菊纹，当中双线开光，内浮雕寓喻"富贵长寿"之意的寿桃、牡丹及菊花纹。左右两侧浮雕夔纹及兰花纹。四面立墙双线开光，前后浮雕寓喻"双螭捧福"之意的蝙蝠和双螭纹。两侧浮雕蝙蝠纹，四周雕拐子纹及双线开光，下为底座。打开上盖，内装拐子纹垛边一圈，用于稳定套盖。

　　此件木匣用料名贵，做工精细，设计合理，装饰华丽。从其造型结构特点来看，应为清代皇宫中存放玉牒或金册所用的匣子，按其做工及工艺手法，皆证明此木匣是清宫造办处所制作的木匣之一。此木匣造型端庄、稳重，花纹简洁明快，花地分明，花纹饱满，生动灵活，花纹突起，立体效果极佳，具有很强的装饰效果。为乾隆时期同类产品中的精品，花纹规整清晰，雕刻水平极高，具有极高的艺术价值及收藏价值，是不可多得的艺术珍品。

（胡德生、宗凤英）

紫檀座镶紫石雕渔樵耕读插屏

清·乾隆
横43.5厘米，宽25厘米，高67厘米

　　此插屏以紫檀木为底座，上镶紫石浮雕江南的山水楼阁人物组成的，寓喻"国泰民安"的渔、樵、耕、读的忙碌生动而洋溢着欢快的生活气息的场景。屏风上部雕云雾缭绕的时隐时现的高山；山下为河水环抱的高低错落的民居；河水中有两条小船，船头各有一渔夫，有的叉开双腿、伸着双臂正在拉网捕鱼，有的坐在船头，低头望着河水等待拉网的场面。屏风的左上角民居中有一农夫肩扛农具，赶牛耕作的场面；屏风的下部左角有一樵夫砍柴归来的场面；屏风下部的中间松树下有一年轻人正盘着一条腿坐在亭子内低头读书的场面。屏风画面中刻划的远山近水，亭台楼榭，树石花卉与水中打鱼的渔夫，岸上打柴的樵夫和牵牛耕作的农夫以及在亭内读书的书生。巧妙地组和成一幅莺歌燕舞，人民安居乐业，美满祥和的太平景象。

　　此插屏花纹雕刻细腻，工艺复杂娴熟，比如；采用平雕雕山，采用圆雕雕树干及房屋楼阁的柱子，用镂雕雕刻树木的枝叶，致使画面更加生动逼真，富有层次的质感与立体效应的艺术效果。线条优美、宛转自如，具有"鬼斧神工"之魅力，以刀凿代笔，再现了江南的大自然之美。场面之宏伟，雕工之细腻入微，应为皇家用品，具有很高的艺术价值和收藏价值。

　　紫石是产于广东和广西的一种珍贵的石材，较厚者常用于雕刻砚台，簿者多用于雕刻插屏。

（胡德生、宗凤英）

紫檀边框郭子仪祝寿图屏风 （一套十扇）

清·乾隆

横21.5×10厘米，高104厘米

此屏风为紫檀木制成，共由十扇组合而成。每扇五抹攒框，界出四格。上眉板、边板、下裙板雕饰绦环，浮雕八仙人物故事图。腰板上浮雕各种折枝花卉纹，屏心镶纸地彩绘郭子仪祝寿图。郭子仪，为唐华州郑人（今天的陕西）。唐玄宗时为朔方节度使，因平安史之乱有功，以一身系时局安危者二十年，累官至太尉、中书令，又被封为汾阳郡王，号"尚父"。在今天山西及陕西一带，多以德高望重的郭子仪为祝寿题材，做成祝寿的寿帐等祝寿用品，为老人祝寿时用。以郭子仪为祝寿题材的用品很多。这件屏风既是其中的一件。此屏风之上画的是郭子仪的亲朋好友为郭子仪祝寿的欢快而热烈的场面。屏风上并有"汾阳王"与"汾阳王府"的字样。场面宏大，热烈而欢快。

此屏风从用料和屏心的内容题材来看，应是陕西、山西一带的官商大户或是清代的各王府的王爷们为自己祝寿时所用的屏风。保存完整的十分罕见。具有重要的历史价值和很高艺术价值与收藏价值。

（胡德生、宗凤英）

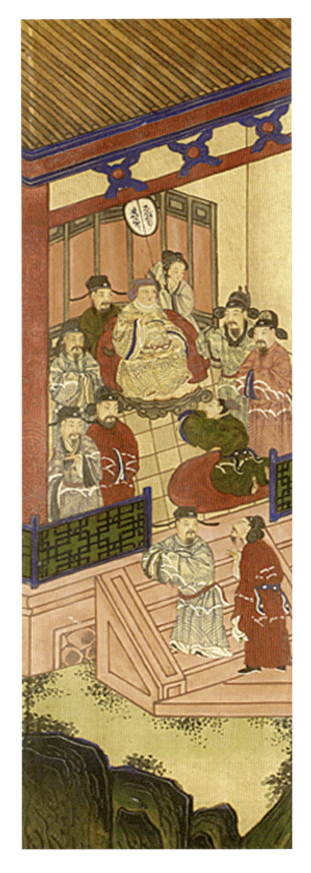

紫檀木雕夔纹围屏（一套五扇）

清·乾隆
横28×5厘米，高80厘米

此屏风通体为紫檀木制作而成，由五扇组合连为一体。每扇四抹攒框界为三格，围屏上下左右边框上皆镶浮雕夔龙纹绦环板。底枨下镶如意纹洼堂肚牙条。这类围屏的屏心，大多镶以书画或刺绣画，取其轻巧灵便。屏与屏之间用挂钩连接，使用时将两边扇向前折合一定角度，屏风即可直立。用时取出，不用时拆开收贮起来。

汉代李尤曾作"屏风"铭说："舍则潜僻，用则设张。立必端直，处必廉方。雍于风邪，勿露是抗。奉上蔽下，不失其常"。此屏风雕工娴熟，线条宛转自如，优美滑润，花纹突出，具有立体的质感。花纹灵活，栩栩如生，自然天成。具有很高的艺术价值和收藏价值。

（胡德生、宗凤英）

雕刻家具

紫檀木六角架（附银盒）

清·乾隆
直径29厘米，高15厘米，盒直径15厘米，高17厘米

　　此件盒架呈六角形，紫檀木制作。以六只三弯式云纹板足支撑屉面，屉面六角形，边缘镂雕如意云头，云头内镟出圆环，与所托银盒的圈足正好吻合。托架周围开口与六条板足咬合。腿上节的六个栏杆柱分别向外张出，又与银盒的腹壁相吻合。造型优美、典雅，结构科学合理。所配银盒呈圆形，下有圈足，上有盒盖，并用雕刻和镶嵌两种工艺装饰寓喻"多子"之意的葡萄纹。其枝叶以纯银雕刻，为了真实地表现葡萄成熟的不同程度，分别以不同色彩的绿松石、孔雀石、翡翠、码瑙嵌成。使葡萄呈现出五颜六色不同的成熟成度，使花纹形象、生动、逼真，达到绚丽华贵多彩的艺术效果。

　　此件盒架及银合制作精致，工艺考究。盒与座原装原配，殊为难得。且保存完好，在传世作品中实属上乘佳作。如此硕大纯银制作的银盒，制作得如此精致、大气，按《大清会典》规定非皇家不得使用，应为宫廷用品无疑，具有极高的历史价值、艺术价值和收藏价值。

（胡德生、宗凤英）

紫檀木雕拐子纹六角形盒架

清·乾隆
直径42厘米，高28厘米

　　该六角形盒架为紫檀木制作，呈六角形，由六条透雕拐子纹和卷草纹的立柱与三交六腕的横枨组合而成。六条立柱上部向外张出，用于承托各式圆形盒。

　　此件六角形盒架设计别致，美观精巧，稳重大方。花纹雕工精细、圆熟，具有很高的艺术水平。下附带有六个拱弯组成的圈足。像这种六角形圆盒架制作如此精致还比较少见，属架类家具中的精品之作，具有很高的艺术价值和收藏价值。

（胡德生、宗凤英）

紫檀雕"三友扬清"长方匣

清·道光三年
长33厘米，宽16.5厘米，高17.5厘米

此件长方匣，呈长方形，紫檀木制作。天覆地式，匣底系一须弥式莲花托。束腰部分浮雕象征宫殿基座的珠花和卷云纹，下附龟脚。座面之上有长方形垛边，用于卡住匣盖。匣盖四墙及盖均浮雕寓喻"岁寒三友"之意的松树、竹子、梅花图，各面图案花纹相同而布局各不相同。盖顶正中浮雕出标签纹，阴刻隶书四字"三友扬清"。雕刻刀法圆熟，花纹形象生动而逼真。酷似真的一般，栩栩如生，充满活力。显示了道光初年的艺术水平。

三友图是古往今来人们喜闻乐见的传统纹饰之一。《论语.季氏》记有"益者三友，损者三友"。白居易《北窗三友》诗中亦有琴、酒、诗三友之说。赵翼《陔余丛考》："元次山丐论云，古人乡无君子，则以山水为友；里无君子，则以松竹为友；坐无君子，则以琴酒为友"。东坡诗："风泉两都乐，松竹三益友"。在苏东坡诗意上补加"梅"或"石"，遂成为"岁寒三友"。此说在宋时已流传。清高宗《御制诗》中记有，南宋马远有岁寒三友，所绘为"松、竹、梅"。松、竹、石亦来自苏东坡诗。梅寒而秀，竹瘦而寿，石丑而

文，是三益之友。"松"长青不老，以静延年，岁寒知松柏之后凋。"竹"称君子，其因虚受益，有君子之道四焉。"梅"冰肌玉骨乃梅萼之清奇，琼姿玉骨，物称佳人，群芳领袖。松、竹、梅都在万木凋落时仍自挺，振振有拔，言人之情节高超，又有吉祥之意。后世有"绿竹生笋，红梅结实"的对联，用于婚礼。亦有绘石、兰、水仙等名贵花草三种，题"三友图"。明薛文清绘竹、梅、兰、菊、莲，称"五友图"。

此件"三友扬清"长方匣，花纹设计巧妙，布局严谨合理，繁而不乱。雕刻技艺娴熟，线条顺畅优美，花纹形态俱佳。这样一个长方匣，绝非出自民间，应是清宫造办处制作的御用品，具有极高的艺术价值及收藏价值。

（胡德生、宗凤英）

老松木文物箱

民国
长89厘米，宽62厘米，高51厘米

　　此文物箱为长方形，松木制成，板材厚近一寸，上开式平盖。箱盖与箱身用铁制折钮连接，正面按屈曲、扣吊，两侧有提环。箱子盖四边及箱体各棱角边均用铁皮包镶。又因箱子的右上角包镶的铁皮覆盖着清室善后委员会的封条，断定铁皮包边系后加的。箱体正面及一侧面，至今还保留着的"清室善后委员会，中华民国十四年九月一日封"的封条及"SB 302—389/54木座，共计八十八件"和"第肆箱"、"十二月四日封"的两个封条及箱号和箱子里所装的木座共计八十八件来看，此箱最迟应是民国时期（公元1925年）制作成的。而且清室善后委员会曾用其装运过宫中文物，系清代宫中之物确凿无疑。显系民国时期流出故宫，这件木箱虽不具备艺术价值，但具有重要的实用价值、历史价值和文物价值。因而又具备重要的收藏价值。

（胡德生、宗凤英）

酸枝木灯架 （一套四件）

清·乾隆
高163厘米，底座宽37厘米

  此灯架四件为一套，以酸枝木制作，下部十字形底座，圆雕卷云纹。底座上方立四个透雕卷草纹站牙，抵住正中圆形立柱，立柱顶端按圆形灯盘，灯盘下装四支透雕卷草纹托角牙。造型简洁、舒展，稳重大方。从其雕刻风格看，应为清代乾隆时期宫中造办处所制的殿堂里的御用灯具架。具有极高的历史价值和收藏价值。

  此灯架造型简练、古朴典雅、稳重而大方。线条简洁优美，雕工精致圆润，保存基本完好，十分难得。像这样的灯架就连故宫也没收藏几件。实属稀世珍品，很值得收藏。

（胡德生、宗凤英）

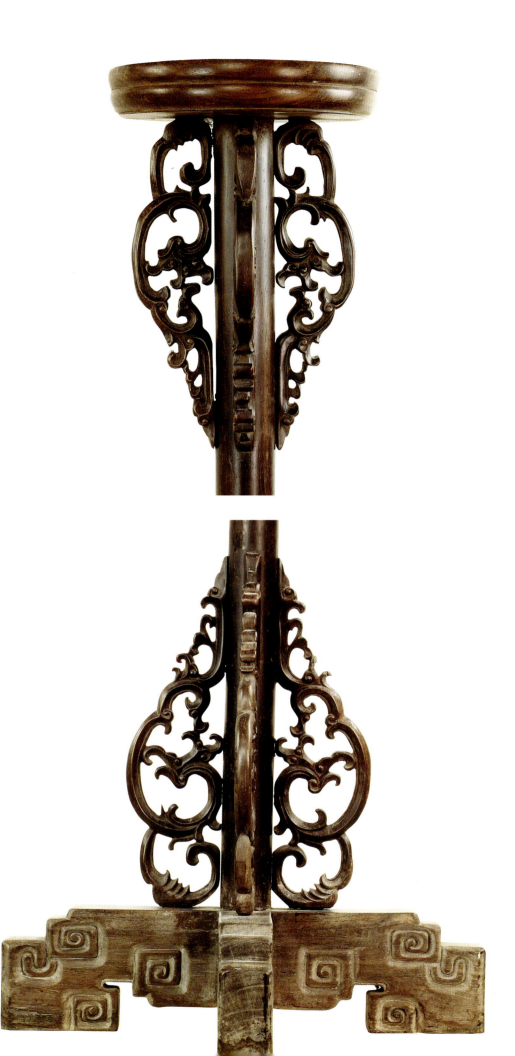

紫檀木六角形瓶式宫灯（一对）

清·乾隆
直径25厘米，高40.5厘米

　　此件宫灯紫檀木制成，造型呈六角花瓶式，瓶口部分上大下小，并开出六个上宽下窄的开光洞。拱肩向外张出，形成一定角度的斜肩，亦开出六个上窄下宽的开光洞。拱肩下为灯的主体部分，下端向内收，直径大体与上部脖项相同。底部又向外张出，并作出六个小开光。最下部为六方式须弥座，当中放有铜灯碗。此灯设计巧妙，造型美观，做法是先用细料制成骨架，又在空当中镶浮雕回纹的圈口牙条。同时在骨架外表和两个圈口中间镶透雕索链纹的垛边。整个宫灯做工都非常精巧而剔透。从其用料、造型、做工来看，绝非民间之物，而是清宫皇家用品无疑。具有很高的艺术价值及收藏价值。

　　古时人们用灯大体分为三种，桌灯、落地灯、吊灯。桌灯大多较小，轻便灵活。根据需要，随处移动。特点是都带底座，有的还带有提梁或手把。此灯属于桌灯类，落地灯底座较高，多在室内地上摆放，有的地灯灯杆还可以升降，也可以随处移动。吊灯多在室内屋顶悬挂，位置相对固定，根据室内空间的大小，灯的数量有多少与体量大小之别。灯的规格亦不尽相同。

（胡德生、宗凤英）

紫檀木画匣

清·乾隆
长40厘米，宽9厘米，高7厘米

此画匣是用来保护存放古画的器具。通体紫檀木制成，长方形，各部榫接严密。上部抽拉盖，松紧适中。虽无雕刻、镶嵌等装饰，亦能看出制作者技艺高超娴熟。且材质名贵，为皇家存放名画的用具，具重要的历史价值和收藏价值。例如

《2010北京保利5周年秋季拍卖会》一书中收录的"红木张照款千字文轴盒"与此画匣相同，曾以RMB100.000——150.000起拍价登场。

（胡德生、宗凤英）

参见《2010北京保利5周年秋季拍卖会》

紫檀木雕龙纹小座屏架

清·乾隆
高45厘米，宽23厘米

　　此件小座屏架为紫檀木制作，底座呈六角形，座面周圈有围栏，透雕卷草纹，六个转角处用象牙望柱连接。面下有束腰，牙条上用托腮支撑束腰。牙条与腿一木联作，呈鼓腿澎牙外翻马蹄式，并透雕卷云纹。面上对角按立柱，立柱上部采用镂空圆雕技巧雕二龙戏珠纹，间饰如意云纹。中间为火珠，火珠左右各为张牙舞爪、屈身仰首在云中腾飞追赶火珠的龙。用二龙戏珠方式巧妙地勾画出小座屏骨架。使小座屏骨架玲珑剔透，美观高雅无比。架正中垂挂银质绞链和银珐琅挂钩。挂钩正面镶红色宝石一颗。使本来就十分别致美丽无比的小座屏架，又增添了几分秋色。

　　此小座屏架设计美观高雅、稳重大方、富有匠心。制作精细入微，雕刻技法纯熟、圆润，花纹形象生动，具有极强的物象性，具有呼之欲出的艺术效果，达到了"鬼斧神工"的艺术境界。小座屏架上原应是挂有或竹、或玉、或珐琅、或金等质地的提梁卤及磬等小挂件。仅就此座架而言，其材质及做工都极佳，反映了清代乾隆时期的高超的艺术水平，应出自清代皇宫造办处高师之手，是一件不可多得的艺术珍品，具有极高的艺术价值和收藏价值。

（胡德生、宗凤英）

故宫博物院藏竹雕提梁卣

紫檀木雕八仙献寿图小插屏

清·乾隆
长25厘米，宽11厘米，高24厘米

此件插屏为紫檀木制成。底座正面披水牙及余塞板透雕莲花纹及卷草纹。两侧站牙透雕卷草纹。屏框里外起线，木工术语称为"混面双边线"。框内镶板，浮雕寓喻"八仙献寿"人物故事图。屏心的左上部浮雕彩云和展翅翱翔的仙鹤及松树。屏心的左上部浮雕高入云端的枝叶茂盛的老松树。在屏心中央的坡地上浮雕八仙人正在书写寿字的场面，点出"八仙献寿"的主题。为了表现"八仙献寿"这个主题。铁拐李与汉钟离二人弯着腰，又开双腿，伸直两臂，用双手拽着帛，张果老正持笔书写"寿"字，其余人在左右围观。此插屏刻画的是八仙在瑶台祝寿之前，书写寿字条幅，在为王母娘娘祝寿作准备。场面宏伟，花纹形象生动，栩栩如生，自然天成，运刀凿如运笔，犹如一副名画，再现了八仙为"献寿"做准备的情景，非常诙谐有趣。插屏的背面为阴刻乾隆皇帝御题诗："池亭消夏坐薰风，韵杂琴筝水竹同。何用香奁重拂试，绮罗人在镜光中。翠竹阴森复日长，冰纨初试午风凉。玉鱼贴体微寒切，只少南方荔子尝"。末尾有"乾""隆"二章。

八仙有明八仙和暗八仙之分，暗八仙，即隐去人物，只雕出八仙手中的法器。用八种不同的法器来代表八仙人物。即"钟离打坐宝扇摇，果老骑驴走到桥。洞宾背着青锋剑，铁拐先生得道高。湘子花兰向蟠桃，采和手持品一箫。国舅高举阴阳板，何仙姑的爪篱把寿面捞"。这八种法器的含义是："汉钟离：轻摇宝扇乐陶然，张果老：鱼鼓常敲有焚音，吕洞宾：剑现灵光魑魅惊，铁拐李：葫芦岂止存五福，韩湘子：花兰内蓄无凡品，兰采和：洞箫吹渡千波静，曹国舅：玉板和声万赖清，何仙姑：手持荷花

不染尘"。八仙在人们心目中是除恶扬善的偶像，是幸福美满、喜庆的象征。以八仙为题材的工艺品比较多，多用于祝寿用品，如"八仙庆寿"、"八仙祝寿"、"八仙捧寿"、"八仙迎寿"、"八仙献寿"等。此小插屏就是其中的一例。

此插屏图案设计新颖巧妙，布局严谨而合理，雕刻技巧娴熟非同一般，线条圆润优美，宛转自如，花纹生动活勃。从其用料、雕工和御制诗来看，为清宫御用品无疑，具有极高的艺术价值和收藏价值。

（胡德生、宗凤英）

紫檀木雕荷叶形洗

清·乾隆
长31厘米，宽11厘米，高7.5厘米

　　此荷叶形洗呈长条形，系一整块紫檀木采用立体圆雕手法雕制而成。主体造型为一卷曲的荷叶状，周围衬以茨菰、水寥。荷叶筋脉生动自然，茨菰、水寥意趣盎然，曲径穿插一一皆可寻其源。这类雕刻，大多根据材料自然形态因材施技，随形雕刻，表现出艺人高超的创作才能和娴熟的技巧。荷花在中国传统文化中象征纯洁，代表净土，宋·周敦颐《爱莲说》中有："予独爱莲之出污泥而不染，濯青莲而不妖，中通外直，不蔓不支，香远益清，婷婷径直，可远观而不可亵玩焉"。是历代人们喜闻乐见的装饰题材之一。

　　此荷叶洗造型优美，用料珍贵，雕工精细，栩栩如生，应为皇家用品具有极高的艺术价值和收藏价值。

（胡德生、宗风英）

故宫博物院藏荷叶形洗

木灵芝（三件）

清·乾隆
横47.5厘米，纵33厘米

　　天然木灵芝三株。直径近二尺。灵芝为上等中草药，传说能起死回生，号称"仙草"。历代戏曲、小说及民间传说都把灵芝与神仙或仙境联系在一起。历代日用器物亦多以灵芝纹作装饰。因灵芝的形状象如意，以灵芝纹作装饰的器物作礼品送给亲朋好友，有祝颂"万事如意"、"吉祥如意"、"长寿"等含义、同时也是祥瑞物之一、故此备受历代帝王的亲睐。封建社会，不论是谁，得到大的灵芝，都要上交朝廷，供帝后们享用。故宫博物院现藏木灵芝插屏四件，最大一件灵芝直径超过一米，为清代乾隆时期地方官员进献的瑞物。如《故宫收藏·紫檀家具》一书中收录的清中期"紫檀边座木灵芝插屏"就是一例。

　　此硕大的灵芝，也应当是清乾隆时期地方官员进献给清宫的瑞物。现保存完好无缺，极为珍贵，具有极高的艺术价值和收藏价值。

（胡德生、宗凤英）

故宫藏木灵芝插屏

紫檀木手鼓架

清·乾隆。
直径34厘米，高7厘米

　　此手鼓架以紫檀木制成，六段组合，榫铆连接而成，架体坚实牢固。连棱处都打磨圆润，滑不留手。圈外仍留有当年鼓面的残边和固定鼓皮的乳钉。手鼓本是一种乐器，用高档紫檀木制作，极为少见。且明清两代的高档硬木，尤其是木中之王的紫檀皆为皇家所专用。此手鼓架，当是清宫使用之物，具有重要的艺术价值和收藏价值。

（胡德生、宗凤英）

图书在版编目（CIP）数据

清宫旧藏紫檀家具精粹 ／ 胡德生等编.—北京：
文物出版社，2011.9
ISBN 978-7-5010-3168-9

Ⅰ.①清… Ⅱ.①胡…Ⅲ.①紫檀-木家具
-中国-清代-图集Ⅳ.①TS666.204.91-64

中国版本图书馆CIP数据核字（2011）第077026号

清宫旧藏紫檀家具精粹

编　　者：胡德生　宗凤英　张广文　张　荣
整体设计：雅昌视觉中心
责任编辑：段书安　郭维富
责任印刷：王少华　张　丽
摄　　影：刘小放　孙之常　宋　朝
出版发行：文物出版社
地　　址：北京东直门内北小街2号楼
邮　　编：100007
网　　址：http://www.wenwu.com
邮　　箱：web@wenwu.com
经　　销：新华书店
制版印刷：北京雅昌彩色印刷有限公司
开　　本：889×1194毫米　　1/12
印　　张：14.5
版　　次：2011年9月第1版
印　　次：2011年9月第1次印刷
书　　号：ISBN 978-7-5010-3168-9
定　　价：280元